In 30 Minuten wissen Sie mehr!

Dieses Buch ist so konzipiert, dass Sie in kurzer Zeit prägnante und fundierte Informationen aufnehmen können. Mithilfe eines Leitsystems werden Sie durch das Buch geführt. Es erlaubt Ihnen, innerhalb Ihres persönlichen Zeitkontingents (von 10 bis 30 Minuten) das Wesentliche zu erfassen.

Kurze Lesezeit

In 30 Minuten können Sie das ganze Buch lesen. Wenn Sie weniger Zeit haben, lesen Sie gezielt nur die Stellen, die für Sie wichtige Informationen beinhalten.

- Schlüsselfragen mit Seitenverweisen zu Beginn eines jeden Kapitels erlauben eine schnelle Orientierung: Sie blättern direkt zu dem Thema, das Sie besonders interessiert.
- **Zahlreiche Zusammenfassungen innerhalb der Kapitel erlauben das schnelle Querlesen.**
- Ein Fast Reader am Ende des Buches fasst alle wichtigen Aspekte zusammen.
- Ein Register erleichtert das Nachschlagen.

Inhalt

Vorwort

Lange Flure, Einzelbüros, gespenstische Ruhe. Es ist noch gar nicht lange her, da konnte eine Abteilung für Marketing und Kommunikation den Charme eines kleinstädtischen Finanzamts versprühen. Das hat sich geändert. Wie wohltuend, dass im Zeitalter der Digitalisierung völlig neue Denkmodelle möglich sind.

Unternehmen müssen heute seriöse Inhalte transportieren, um vom Publikum ernst genommen zu werden. Mit wenig Geld hervorragende Ideen umzusetzen, ist klug und im digitalen Zeitalter lebensnotwendig. Marketing und Kommunikation brauchen dazu eine Organisation, die sich an Themen orientiert – und nicht mehr an Kanälen. Genau dies ist die Philosophie des Corporate Newsrooms, die ich Ihnen in diesem Buch vermitteln möchte.

Ich beschäftige mich seit mehr als zwei Jahrzehnten mit der Frage, wie sich Kommunikation effizient organisieren lässt. In dieser Zeit ist das Corporate-Newsroom-Modell entstanden, das sich schon in vielen Unternehmen durchgesetzt hat. Deshalb freue ich mich sehr, Ihnen diese Idee im Rahmen der Buchreihe *30 Minuten* nahebringen zu dürfen.

Corporate Newsroom ist eine Denkhaltung. Deshalb sagen wir auch gern, der Newsroom beginnt im Kopf. Dies gilt auch für die Produktion dieses Buchs. Viele Ideen und Diskussionsbeiträge meines Teams sind hier eingeflossen. Mein Dank gilt daher allen, die an der Entstehung dieses Bandes mitgewirkt haben. Dazu gehören insbesondere David Bartels, Lara Behrens, Franziska Fiege, Ann-Sophie Johnigk und Christian Wobig.

Viel Spaß beim Lesen und viel Erfolg mit Ihrem Corporate Newsroom wünscht Ihnen

Christoph Moss

1. Der Newsroom beginnt im Kopf

Menschen verbringen heute zunehmend Zeit mit Medienkonsum. Die Zahl der Kanäle und Plattformen steigt fast explosionsartig. Jeder Mensch kann bloggen, twittern oder kommentieren. All dies wird möglich durch einen rasanten technischen Fortschritt.

Ihr Unternehmen steht vor der wichtigen Aufgabe, den digitalen Medienwandel zu bewältigen. Der Grund dafür ist leicht nachvollziehbar. Herkömmliche Strukturen stoßen schnell an Grenzen. **Kommunikation und Marketing brauchen die perfekte Organisation**. Egal ob Sie im Mittelstand, im Konzern oder in einer Institution arbeiten. Corporate Newsroom fragt nicht nach Größe. Der Newsroom beginnt im Kopf.

1.1 Wie Sie Ihr Unternehmen digitalisieren

Wir leben im digitalen Zeitalter. Unternehmen nutzen eine Vielzahl von Kanälen, Plattformen und Medien. Daraus ergeben sich schier unendlich viele Möglichkeiten. Aber genau dies macht Marketing und Kommunikation auch besonders anspruchsvoll. Vor einem halben Jahrhundert reichte oft eine einzige Idee, um eine Plakat- oder Fernsehkampagne zu entwickeln. In der Zeit der alten Bundesrepublik wurden die produzierten 30-Sekunden-Filme über einen längeren Zeitraum im öffentlich-rechtlichen Fernsehprogramm ausgestrahlt. Früher oder später wussten die Menschen in Deutschland, dass es einen neuen Joghurt, eine gesunde Zahncreme oder ein modernes Auto gab.

Der Medienwandel ist dramatisch

Diese Routinen sind vorbei. Der digitale Mensch verbringt zunehmend Zeit mit Medienkonsum. Wir alle können bloggen, twittern oder kommentieren. All dies wird möglich durch einen rasanten technischen Fortschritt. Und die Folgen für traditionelle Medien sind überall spürbar: Ein Fernsehspot erreicht nicht mehr zwingend ein Millionenpublikum. Die Tageszeitung ist akut vom Aussterben bedroht. Es wird schwerer und schwerer, Menschen in grob gemusterte Zielgruppen einzusortieren.

Unternehmen stehen heute vor der wichtigen Aufgabe, diesen dramatischen Medienwandel zu bewältigen. Marketing und Kommunikation brauchen die perfekte Organisation. Aber die alten Strukturen im Unternehmen sind oft behäbig. Abteilungen arbeiten langsam, weil sie in alten Prozessen verhaftet sind.

Das Beispiel von der Pizza und dem Ofen

Stellen Sie sich vor, Sie betreiben eine Pizzeria. Der Ofen ist vorgewärmt. Ein Kunde bestellt eine Pizza Funghi. Sie belegen den Teig und können die Pizza problemlos in den Ofen schieben. Nach wenigen Minuten ist das Gericht fertig und der Kunde glücklich.

Nun nehmen wir an, Ihr Restaurant ist voll. Jeder Tisch ist besetzt. Die Gäste sind ungeduldig. In der Küche gehen mehrere Bestellungen innerhalb kurzer Zeit ein. Viermal Pizza, dreimal Pasta, einmal Fisch. Jetzt müssen Sie überlegen, in welcher Reihenfolge Sie welchen Schritt vollziehen:

- Zuerst Pizza eins belegen?
- Oder doch Pasta zwei zubereiten?
- Oder lieber den Fisch?

Sie müssen mehrere Entscheidungen treffen:

- Was schieben Sie zuerst in den Ofen?
- Welcher Gast bekommt sein Essen also schneller?
- Und wer muss warten?

Sie geraten in eine unangenehme Situation, weil Sie plötzlich mehrere Prozesse sinnvoll koordinieren müssen. Irgendein Gast wird immer enttäuscht sein.

Genau dieses Problem haben Marketing und Kommunikation auch. Immer dann, wenn Sie versuchen, eine kreative Idee umzusetzen, stoßen Sie in Ihrer eigenen Abteilung an Kapazitätsgrenzen. In der Pizzeria gibt es nur den einen Ofen. Und auch in Ihrer Abteilung für Marketing und Kommunikation sind die Ressourcen knapp:

- Wer erstellt wann welchen Teil einer Kampagne?
- Ist der Text wichtiger als das Bild?
- Wann wird das fertige Video über welchen Kanal an welche Zielgruppe ausgespielt?
- Und wer holt die Freigaben ein?

Um diese Fragen zu beantworten, benötigen Sie eine klare, nachvollziehbare Routine. Sie brauchen einen organisatorischen Rahmen für Marketing und Kommunikation im digitalen Zeitalter.

Der digitale Wandel ist überall spürbar. Menschen verbringen zunehmend Zeit mit Medienkonsum. Unternehmen stoßen bei Marketing und Kommunikation an Kapazitätsgrenzen. Um darauf zu reagieren, benötigen Sie die perfekte Organisation.

1.2 Die Idee hinter dem Corporate Newsroom

Das Prinzip, das hinter dem Orchestrieren von Marketing und Kommunikation steckt, heißt Corporate Newsroom. Darunter verstehen wir eine **räumlich zusammengefasste Steuerungseinheit für Marketing und Kommunikation**. In einem Corporate Newsroom existieren getrennte Verantwortlichkeiten für Themen und Kanäle. Wichtig: Es gibt eine Person, die am Steuer sitzt. Diese nennen wir Chef:in vom Dienst (CvD). Wie genau die einzelnen Rollen zusammenwirken, werden wir im weiteren Verlauf dieses Buchs ausführlich diskutieren. Zunächst aber klären wir, warum ein Corporate Newsroom im digitalen Zeitalter sinnvoll ist.

Raus aus den Silos

Sätze wie „Das haben wir schon immer so gemacht" sind Gift für digitales Denken. Verzichten Sie auf politische Rücksichten und Proporzdenken. Dies sind ganz schlechte Gradmesser für eine effiziente Organisation. Orientieren Sie sich lieber am Markt und denken Sie nach vorn. Vor allem aber verlassen Sie Ihre alten Silos, die über Jahre historisch gewachsen sind:

- Pressearbeit,
- interne Kommunikation,
- Redenschreiben,
- Marketing,
- Veranstaltungen,
- Social Media und viele weitere mehr.

Silos arbeiten mit harten Grenzen. Es existieren Mauern zwischen den Räumen und in den Köpfen. Als wir vor mehr als zehn Jahren ein Newsroom-Projekt in einem Dax-Konzern begannen, gingen wir zunächst über den Flur der Kommunikationsabteilung. Verschlossene Türen, graues Ambiente, Totenstille. Hinter jeder Tür saßen Menschen in

Einzel- oder Zweierbüros, deren Beruf mutmaßlich Kommunikation war. Ein gruseliges Gefühl des Nichtwillkommenseins, steril, deprimierend mit der Anmutung eines deutschen Finanzamts. Damals dachten wir, dies sei ein Einzelfall. Ein Trugschluss. Die Mauern waren überall, egal ob wir Marketing- oder Kommunikationsabteilungen betreuten.

Viele Unternehmen haben die Silos inzwischen aufgelöst. Ein unausweichlicher Schritt hin zu einer digitalen Strategie. Wenn Sie diesen Weg auch gehen wollen, sollten Sie dazu **Strukturen in Ihrem Unternehmen kritisch hinterfragen**:

- Wer will noch ernsthaft über Zuständigkeitsgrenzen von Kommunikation und Marketing diskutieren?
- Welche Abteilung mag noch die Bedeutsamkeit von Media Relations versus Produkt-PR abwägen?
- Wer will tatsächlich verantworten, die redaktionelle Hoheit über soziale Medien an IT-Verantwortliche abzugeben?

Eine digitale Kommunikationsstrategie integriert Storytelling und Content Marketing. Zusätzliche Kanäle lassen sich bei begrenzten Ressourcen allerdings nicht beliebig aufbauen. Gleichzeitig spüren Sie vielleicht auch Unsicherheit in Ihrem Team: Es ist die Furcht vor Veränderung, die einhergeht mit der Sorge um Kontrollverlust. Dieser Konflikt lässt sich nur lösen, wenn alle Beteiligten tatsächlich das neue Konzept mittragen. Ansonsten besteht die Gefahr, dass Sie Kompromisse eingehen und sich der Hauspolitik beugen.

Den Kontrollwahn beenden

Kommunikation bedeutet Interaktion. Soziale Medien sind längst Standard geworden. Deshalb müssen Unternehmen ihre Kanäle anders steuern als in der Vergangenheit. Dazu gehört ein professionelles Monitoring, das von Fall zu Fall auch nachts und am Wochenende stattfindet. Dies ist personalintensiv, weil die Verantwortlichen sprech- und reaktionsfähig sein müssen. In herkömmlichen, oft hierarchischen Strukturen kann dies zu Pannen und zu quälend langen Abstimmungsschleifen führen. Kommunikation auf *Twitter* oder *LinkedIn* kann aber nicht funktionieren, wenn Diskussionsbeiträge nur nach komplexen Freigabeprozessen publiziert werden. Kontrollwahn in der Kommunikation ist nicht mehr zeitgemäß. Stattdessen sind Vertrauen und eine hohe Reaktionsgeschwindigkeit wichtig.

Themenmanagement ist entscheidend

Vor einigen Jahren sagte mal ein bekannter Wirtschaftsjournalist, dass Unternehmen zu wenige Themen hätten, über die sie etwas sagen könnten. Dafür gebe es den Journalismus. Mit dem zweiten Teil seiner Aussage hatte er vollkommen recht. Genau diese Geschichten zu erzählen war und ist eine Aufgabe des Wirtschaftsjournalismus. Falsch war allerdings seine Feststellung, es gebe nicht genügend Themen. Das Gegenteil ist der Fall. Nur haben viele Unternehmen dies lange nicht erkannt. Jetzt, mitten in der Digitalisierung, ändert sich diese Wahrnehmung.

Im Corporate Newsroom stehen Themen im Mittelpunkt von Marketing und Kommunikation. Menschen senden Inhalte an Menschen. Über *Instagram, WhatsApp, LinkedIn* und unzählige weitere Plattformen. Gleichzeitig empfangen dieselben Personen aber auch Botschaften. Dies macht das Leben bunt, aber manchmal auch kompliziert. Häufig produzieren wir zu viel Information. Damit überfordern wir unser Publikum, weil Menschen es nicht gelernt haben, mit folgenden Fragen souverän umzugehen:

- Wann ist eine Information wichtig und wann nicht?
- Lohnt es sich, Zeit in die Verarbeitung der Neuigkeit zu investieren?
- Welcher Quelle kann ich vertrauen und welcher nicht?

Dieser Information Overload führt zu Überlastung. Folglich sollte Ihr Unternehmen weniger statt mehr kommunizieren. Effiziente Kommunikation heißt also in diesem Fall, **die richtigen Themen zur richtigen Zeit** an die richtigen Zielgruppen zu kommunizieren. Genau dies strebt ein Corporate Newsroom an.

Brücken bauen

Mit den sozialen Medien und Communities haben wir gelernt, neue Brücken zu bauen. Unabhängig von Raum und Zeit zu arbeiten. Zu Hause, im Büro oder unterwegs. Dabei bleibt der traditionelle Journalismus auf der Strecke. Können Sie sich noch an die Zeiten erinnern, als Ihr Unternehmen opulente Pressekonferenzen veranstaltet hat? Mit teuren Häppchen, vielleicht sogar in nobler Umgebung? Voll war es damals, weil sich Zeitungen und Sender für Sie interessierten. Diese Tage sind vorbei. Heute kommt niemand mehr zu Ihnen. Keine

Zeit, kein Platz, kein Geld. Der Journalismus hat die Deutungshoheit verloren. Tageszeitungen kämpfen ums Überleben. Es ist eine Entwicklung, die seit Jahrzehnten beobachtbar ist. Dies ist sehr problematisch für uns alle, weil guter Journalismus wichtig in einer funktionierenden Gesellschaft ist. Für Ihr Unternehmen geht damit ein wichtiges Stück Wahrnehmung verloren. Folglich müssen Sie auf andere Art und Weise um Aufmerksamkeit kämpfen. Indem Sie eigene Kanäle aufbauen und Ihre eigenen Themen dort spielen. Genau dafür brauchen Sie einen Corporate Newsroom.

Das Prinzip, das hinter dem Orchestrieren von Marketing und Kommunikation steckt, heißt Corporate Newsroom. Bei dieser Organisationsform werden Kampagnen vom Thema aus gedacht. Damit überwinden Sie alte Silos und bauen neue Brücken zu Ihren Zielgruppen.

1.3 Warum Ihnen ein Newsroom hilft

Wenn Unternehmen neue Strukturen einführen, verfolgen sie damit idealerweise ein strategisches Ziel. Das gilt auch für Sie und die Kommunikationsstrukturen in Ihrer Abteilung. Wenn Sie einen Newsroom einführen wollen, sollten Sie sich die folgende Frage stellen:

Welche Ziele verfolgen wir mit dem Corporate Newsroom?
In unserer Beratungspraxis haben wir eine Reihe wiederkehrender Ziele kennengelernt, die Unternehmen motivie-

ren, einen Corporate Newsroom einzuführen. Gemeinsam mit der *International School of Management* haben wir dazu eine Studie durchgeführt. Nachfolgend finden Sie die wichtigsten Ziele, die uns Verantwortliche aus Marketing und Kommunikation für den Aufbau eines Corporate Newsrooms genannt haben:

- integrierte Kommunikation über alle Kanäle und Medien, One Voice Policy,
- weniger Doppelarbeit, mehr Flexibilität und agile Strukturen,
- effizientes Themenmanagement,
- interne Transparenz und Wissensmanagement,
- Reaktionsfähigkeit und Dialog mit allen Zielgruppen,
- offener Dialog, flache Hierarchien und kurze Abstimmungswege.

Tatsächlich sind Unternehmen, die ihre Kommunikationsstrukturen hinterfragen, von diesen Zielen häufig noch weit entfernt. Das zeigen die Hindernisse, die wir ebenfalls in der Studie abgefragt haben:

- starre Strukturen und Silo-Denken,
- fehlendes oder schwaches Change Management,
- fehlende Infrastruktur (räumlich und personell),
- keine Verantwortungsbereitschaft der Mitarbeitenden,
- fehlende Planungstools,
- hoher Einführungsaufwand.

Es ist wichtig, dass Sie sich ehrlich über Ziele und Hindernisse bei der Einführung eines Corporate Newsrooms klar werden. Denn der Befund ist häufig ernüchternd: Viele Botschaften, die an unterschiedliche Zielgruppen über unterschiedliche Kanäle ausgesendet werden, bestimmen den Kommunikationsalltag. Dies ist frustrierend und nicht mit den Anforderungen an digitale Kommunikation vereinbar. Schlimmer noch. Diese **Ineffizienzen sind teuer**:

- Haben Sie sich schon einmal ein Bild davon gemacht, wie oft Sie externe Agenturen mehrfach zu unterschiedlichen Preisen beauftragt haben?
- Was kostet es, Inhalte doppelt zu produzieren?
- Wie teuer ist es, wenn Sie eine Videoagentur erst kurz vor einer Messe quer durch die Republik schicken, obwohl der Termin seit Monaten bekannt war?

Ein Corporate Newsroom kann helfen, diese Pannen erst gar nicht entstehen zu lassen.

Ihr Unternehmen muss den digitalen Medienwandel bewältigen. Diese Veränderung ist dramatisch:

- Wenn Sie Ihr Unternehmen digitalisieren wollen, brauchen Sie einen organisatorischen Rahmen.
- Das Prinzip zum Orchestrieren von Marketing und Kommunikation heißt Corporate Newsroom.
- Es hilft, teure Ineffizienzen zu vermeiden.

Welche Rollen gibt es im Corporate Newsroom?

Seite 24

Wie können Konferenzen die Arbeit strukturieren?

Seite 37

Wie sieht ein typischer Prozess im Newsroom aus?

Seite 43

2. Das Corporate-Newsroom-Modell

Im Zeitalter der Digitalisierung sollten Unternehmen themenorientiert kommunizieren. Der Corporate Newsroom bietet dazu die passende Organisationsform. Themen können aus Marketing und Kommunikation stammen, aber auch aus HR, IT oder Vertrieb. Im Newsroom arbeiten Fachleute für Themen und für Medien. Sie strukturieren ihre Arbeit über ein modernes Themenplanungstool und treffen sich regelmäßig in Konferenzen. All dies führt zu effizienten Prozessen, die einem klaren Muster folgen.

CORPORATE-NEW

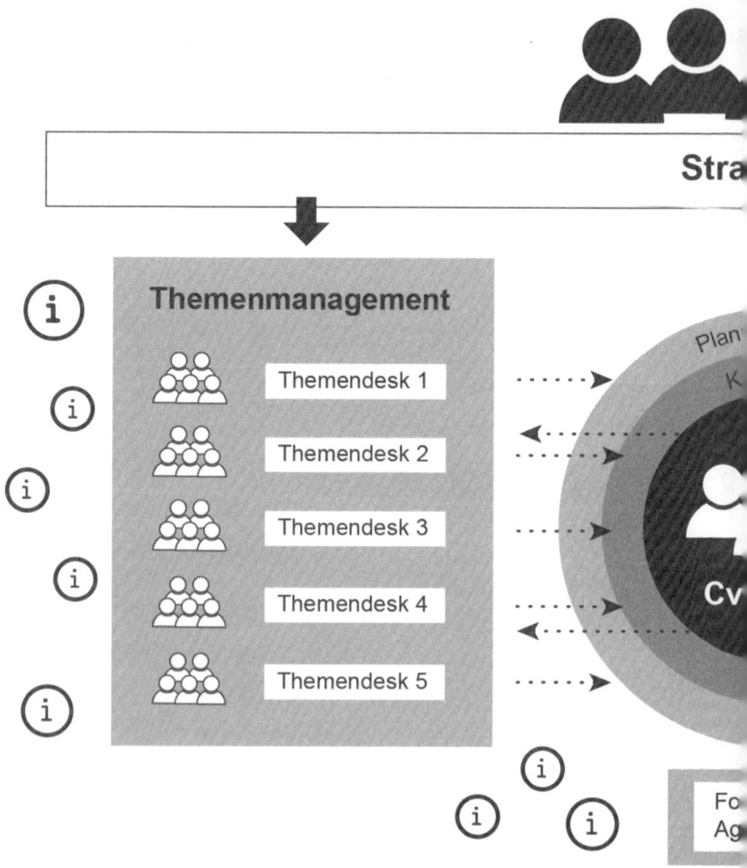

SROOM-MODELL

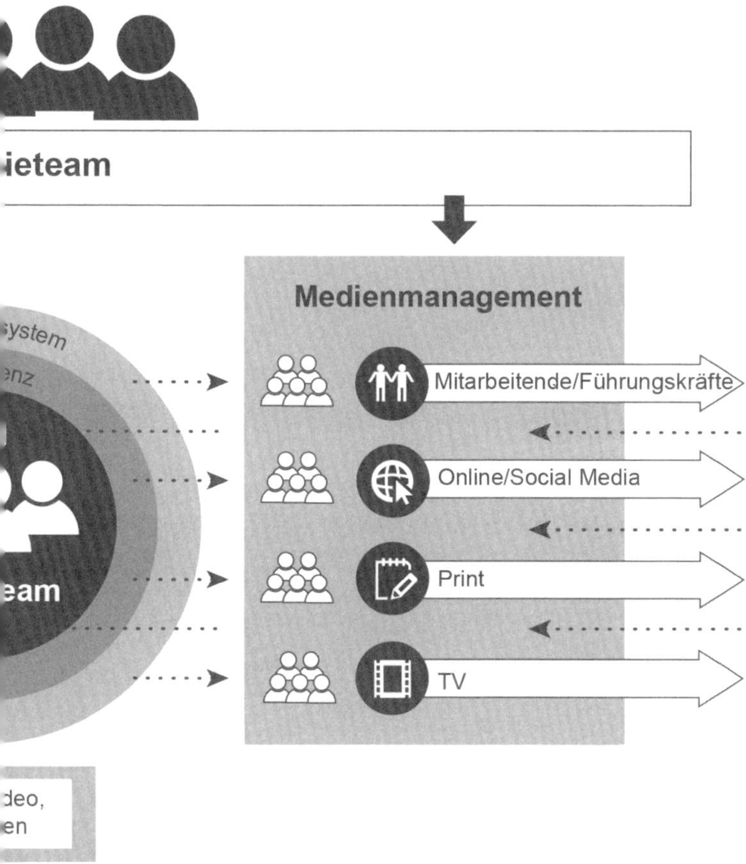

2.1 Rollen im Corporate Newsroom

Der Aufbau eines Corporate Newsrooms sieht eine eindeutige Trennung von Themen und Medien vor. Außerdem bedarf es einer Koordinationsstelle, die den Ausgleich zwischen beiden Seiten herstellt. Diese Aufgabe übernehmen zwei oder mehr CvDs. Sie sind wichtig für den Erfolg in einem funktionierenden Newsroom – vor allem dann, wenn Sie auch Marketingaufgaben integrieren wollen. Das muss deshalb betont werden, weil eine Reihe von Unternehmen in der Vergangenheit zunächst auf diese Position verzichtet hat. Dies hat sich in der Praxis stets als nachteilig erwiesen. Das Corporate-Newsroom-Modell besteht aus mindestens vier Ebenen: **Strategieteam, CvD, Themenmanagement und Medienmanagement**.

Strategieteam

An der Spitze des Corporate Newsrooms steht das Strategieteam. Es leistet strategische Kommunikationsarbeit, also Planung, Steuerung und Kontrolle von Themen. Damit ist es

- Brücke zur Unternehmensleitung,
- Bindeglied zwischen Unternehmens- und Kommunikationsstrategie,
- Ideengeber für die großen Themen der Langfristplanung sowie
- Impulsgeber für CvDs und Themenmanagement.

Das Strategieteam führt den Corporate Newsroom fachlich und disziplinarisch. Es

- trägt die Personal- und Sachverantwortung,
- hat das Weisungsrecht und das finale Entscheidungsrecht in allen inhaltlichen Fragen,
- entwickelt die strategische Themenplanung und die übergeordnete Core Story,
- verteilt Budgets und setzt Prioritäten für übergeordnete Themen.

CvD-Team

CvDs leisten operative Kommunikationsarbeit und können einzeln oder im Team auftreten. Sie sind das Bindeglied zwischen Themendesks und Mediendesks. Die CvDs stellen die Umsetzung der übergeordneten Strategie im Tagesgeschäft sicher und entscheiden über die Prioritäten von Themen. Dazu verantworten sie ein Planungstool, das für die Funktionsweise eines Corporate Newsrooms große Bedeutung hat. Das CvD-Team

- ist Teil des Strategieteams,
- leitet die Konferenzen und steuert Themen und Medien,
- stellt die kontinuierliche Pflege des Planungstools sicher,
- erhält Vorschläge von Themen- und Mediendesks,
- hat die letzte Entscheidungsgewalt im Tagesgeschäft,
- erteilt Arbeitsaufträge an Themen- und Mediendesks,
- bringt das Feedback und die Ergebnisse aus den Themen- und Mediendesks in die weitere Planung ein,
- verantwortet und steuert Sonderprojekte,
- ist ansprechbar bei inhaltlichen Fragestellungen,

- steht bei kritischen Fragen zur Verfügung und vermittelt,
- fungiert bei Bedarf als Kontakt für interne und externe Zielgruppen,
- liefert und sammelt Impulse zur strategischen Weiterentwicklung der Medien und
- liefert und sammelt Impulse zu relevanten Themenfeldern, Positionierungen und Kernbotschaften.

CvDs sollten erfahrene Persönlichkeiten sein. Sie können aus dem eigenen Unternehmen stammen oder neu von außen zum Team stoßen. Beide Varianten haben sich in der Praxis als machbar erwiesen. Wichtig ist, dass die CvDs ganzheitlich denken, entscheidungsstark handeln und dabei Themen und Medien im Blick behalten. Dazu ist eine Reihe von Kompetenzen notwendig:

- Führungskompetenz,
- Fähigkeit zum Delegieren,
- Organisationstalent,
- strategisches Denken,
- sicheres Auftreten,
- Durchsetzungskraft,
- journalistische Erfahrung,
- Entscheidungsfähigkeit,
- Gespür für Prozesse und Organisationsstrukturen,
- Kompetenzen im Umgang mit Budgets,
- Grundwissen über Inhalte und Medien sowie
- Bereitschaft zu flexiblen Arbeitszeiten.

Themenmanagement

Die Themendesks bilden die Verbindungsstelle zu den Fachabteilungen im Unternehmen. Auf diese Weise erfahren Themenmanager:innen von vielen Themen und verkörpern so inhaltliche Fachkompetenz. **Themendesks schlagen regelmäßig Inhalte vor**. Ihre Aufgabe ist es, Themen zu treiben und zu gestalten. Diese Desks bearbeiten, recherchieren und produzieren Content – und sorgen auch für die notwendigen Abstimmungen mit den Fachabteilungen. Wann immer ein Themendesk die Texte, Bilder oder O-Töne an einen Mediendesk liefert, informiert er die CvDs. Die Leitung eines Themendesks nimmt an den Redaktionskonferenzen teil. Der Zuschnitt der Themendesks sollte sich an der Contentstrategie des Unternehmens orientieren. Themendesks

- verantworten einen definierten Themenbereich,
- sind Schnittstellen zu Fachbereichen, Tochtergesellschaften, Stakeholdern und Behörden,
- pflegen und erweitern das interne und externe Netzwerk,
- horchen journalistisch ins Unternehmen hinein,
- erkennen relevante Themen und Positionierungsmöglichkeiten,
- bringen Ideen in die Konferenz ein und
- identifizieren mögliche kritische Themen und bereiten diese inhaltlich auf.

Die Themendesks geben ihre Ideen zunächst in das Planungstool ein. Sie

- überblicken die gesamte Produktion ihrer Themen,

- recherchieren und erstellen themenspezifische Inhalte (beispielsweise Texte für verschiedene Medien und Plattformen),
- initiieren und produzieren ergänzende Formate, wie etwa Infografiken, Foto- und Filmmaterial (in Zusammenarbeit mit den Servicedesks oder Dienstleistern),
- stimmen Inhalte ab und holen Freigaben aus Fachabteilungen ein und
- planen und steuern übergreifende Projekte und Kampagnen mit Bezug zum eigenen Themenbereich.

Medienmanagement

Die Mediendesks betreuen die Plattformen und Kanäle, auf denen das Unternehmen kommuniziert. Ihr Zuschnitt ändert sich regelmäßig, weil neue Plattformen entstehen und alte Medien an Bedeutung verlieren können. Mediendesks

- entwickeln ihre Plattformen,
- kennen ihre Zielgruppen,
- betreuen einen oder mehrere Kanäle,
- sind für die Qualität in ihrem Kanal verantwortlich,
- verfügen über ein Vorschlagsrecht bei der Frage, ob ein Thema für ein Medium geeignet ist,
- stellen sicher, dass die Inhalte den Anforderungen des Mediums entsprechen,
- betreiben Monitoring und Erfolgskontrolle,
- planen und überblicken Budgets für relevante Medienformate und
- pflegen soziale Medien und andere Kanäle aktiv.

Die Desks können jeweils aus einer oder mehreren Personen bestehen. Diese Medienmanager:innen bringen sich früh in die Themenplanung ein. Sie

- halten engen Kontakt zum CvD-Team,
- nehmen an Konferenzen teil,
- geben Feedback zu Themenideen und
- hören in den Markt hinein und geben immer wieder inhaltliche Impulse in den Corporate Newsroom.

Weitere Rollen

Neben Strategieteam, CvD, Themenmanagement und Medienmanagement sind weitere Rollen im Corporate Newsroom denkbar. Dazu zählen beispielsweise Monitoring oder Datenanalyse. Häufig zu beobachten ist auch ein Produktions- oder Servicedesk. Hier finden sich Fachleute für Text, Bild, Video und Audio. Sie unterstützen bei der Produktion von Inhalten im eigenen Fachgebiet, zum Beispiel innerhalb interdisziplinärer Teams. Hier können auch Infrastruktur-Administratoren ansässig sein. Diese sorgen dafür, dass notwendige Technologien für eine effiziente und gewinnbringende Kommunikation bereitgestellt und kontinuierlich optimiert werden.

Einige Funktionen dürften in den kommenden Jahren stark an Bedeutung gewinnen. Deshalb sollten Sie dies bei der Planung schon früh berücksichtigen:

- Produktion von Inhalten in verschiedenen Formaten,
- Einbringen von Fachexpertise und kreativen Ideen,
- Unterstützung bei der Festlegung von Vorgaben und Richtlinien,

- aktive Weiterentwicklung des Portfolios und der Prozesse sowie
- gegebenenfalls Betrieb, Administration und Unterstützung der Infrastruktur im Corporate Newsroom.

Der Aufbau eines Corporate Newsrooms sieht eine eindeutige Trennung von Themen und Medien vor. Das Newsroom-Modell besteht aus mindestens vier Ebenen: Strategieteam, CvD, Themenmanagement und Medienmanagement. Daneben sind weitere Rollen denkbar.

2.2 Zuerst das Thema, dann der Kanal

Die Digitalisierung beschleunigt das Zusammenwachsen von kommunikativen Teildisziplinen. Wenn Sie erfolgreich Marketing und Kommunikation betreiben wollen, müssen Sie überzeugende Inhalte produzieren. Nur was aktuell und relevant ist, hat eine Berechtigung. Ohne professionelles Themenmanagement ist Content Marketing nicht möglich. Kampagnen sind nur dann gut, wenn die Zielgruppe sie wahrnimmt und versteht.

Ihr Unternehmen sollte daher zuerst in Themen denken. Und erst an zweiter Stelle in Maßnahmen. Die Idee des Corporate Newsrooms greift genau diesen Gedanken auf. Der Aufbau ist keine Frage der Größe einer Abteilung, sondern eine Frage der Haltung.

Ein familiengeführtes Unternehmen aus dem Mittelstand sollte ebenso in Themen denken wie ein großer Konzern.

Lange genug haben Marketingabteilungen nur auf Pflichterfüllung geachtet. Wie oft mussten sie ideenlose Aufträge aus Fachabteilungen abarbeiten. Sätze wie „Mach mir mal ein Plakat“ oder „Entwirf mir einen Flyer“ waren typisch für den Arbeitsalltag in einer herkömmlichen Marketingeinheit.

Mit dem Corporate Newsroom ändert sich dies. Die Logik lautet nun: **Zuerst das Thema, dann der Kanal**. Oder anders ausgedrückt: „Wir möchten ein bestimmtes Thema kommunizieren. Vielleicht ist das Plakat das passende Medium, aber vielleicht sind auch andere Kanäle sinnvoll, an die wir bisher nicht gedacht haben.“ Auf diese Weise wird aus einer einfachen Maßnahme eine kreative Gesamtkomposition. Im Ergebnis geht eine gelungene Kampagne auf eine einzige Grundidee zurück. Blog, Print, digitales Event – viele Kanäle transportieren ein relevantes und aktuelles Thema an die jeweils passende Zielgruppe.

Themenplanung

Die tägliche Arbeit im Corporate Newsroom orientiert sich an Themen. Ausgehend von der Kommunikationsstrategie des Unternehmens entwickelt der Newsroom eine Content-Strategie. Hier wird festgelegt, an welchen Prioritäten sich Themen messen lassen.

Alle Beteiligten müssen diese Logik kennen und verstehen. Dazu benötigt der Newsroom ein gemeinsames System, das alle relevanten Informationen der Abteilung effizient verwaltet. Ein solches Tool zur Themenplanung muss einfach handhabbar und optisch ansprechend sein. Es unterstützt die Prinzipien im Corporate Newsroom:

- Wissen teilen,
- Zusammenarbeit fördern,
- Transparenz schaffen und
- Hürden im Prozess aufdecken.

Vor allem die CvDs brauchen einen funktionsfähigen Themenplan. Denn damit steuern sie den ganzen Tag über die Arbeit im Newsroom. Sie benötigen Informationen über
- aktuelle und relevante Themen,
- Produktionstermine der Medien, Plattformen und Kanäle sowie
- Zuständigkeiten innerhalb des Teams.

Jedes Mitglied im Corporate Newsroom muss zu jeder Zeit wissen, welche Themen die Abteilung gerade plant, entwickelt und bearbeitet. Dazu muss das Team nicht unbedingt gemeinsam in einem physischen Raum sitzen. Alle Beteiligten können weltweit verteilt an jedem beliebigen Ort arbeiten – sofern sie einen Internetanschluss haben. Aus diesem Grund sollte das Tool für größtmögliche Thementransparenz im Newsroom sorgen. Denken Sie dabei bitte daran, dass Sie die folgenden Funktionen abdecken können:
- Ideen erfassen und weiterentwickeln,
- Themenübersicht herstellen,
- Themeneingang visualisieren,
- Themenplanung ermöglichen,
- Themenmanagement erleichtern,
- Produktion koordinieren,
- Publikation koordinieren,

- Aufgaben verwalten,
- Verantwortlichkeiten nachvollziehen,
- Workflow abbilden sowie
- Content erfassen und archivieren.

Ein gutes Themenplanungstool sollte alle relevanten Informationen in der gebotenen Kürze sammeln. Folgende Daten zählen dazu:

- Ideenverwaltung
  - Überschrift
  - Teaser
  - Beschreibung
- Themenplanung
  - Überschrift
  - Teaser
  - Themenverantwortung
  - Themenmanagement
  - Termine
  - Fristen
  - geplante Medien
  - Assets
  - verwandte Themen
  - Archiv
- Terminplanung
  - Zeitpunkt
  - Ort
  - Anlass
  - Ansprechpartner:in

Denken Sie an Ihr Team, das täglich Themen planen und bearbeiten wird. Wenn das Tool die zentrale Kommunikationsplattform im Newsroom werden soll, ergeben sich daraus Anforderungen wie

- intuitive Bedienung,
- einfache Benutzeroberfläche,
- geräteunabhängiges Arbeiten sowie
- bestmögliches Zusammenführen aller verfügbaren Informationen.

Außerdem sollten Sie sich frühzeitig Gedanken machen, welche Erweiterungsmöglichkeiten in Frage kommen könnten. Dabei sind folgende Optionen für Ihr Themenplanungstool denkbar:

- Content-Management-System (CMS)
  - Erstellung und Planung von Inhalten
  - Freigabe
  - Kontrolle
  - Publishing-Schnittstelle
  - Asset Management
- Knowledge-Management-System
  - Unternehmensdaten
  - Kontaktperson
  - Verhaltens- und Sprachregeln
  - Produkt- und Prozessinformationen
- Monitoring-System
  - Analysen (z. B. Profiling, Trends etc.)
  - mediale Berichterstattung
  - Diskussionen in sozialen Netzwerken

- Stakeholder-Relationship-Management-System
  - Stakeholder-Datenbank
  - Medien-Targeting
  - thematische Clusterung

Die Herausforderung in Ihrem Corporate Newsroom besteht darin, möglichst viele Informationen bereitzustellen und gleichzeitig den Blick für das Wesentliche nicht zu verstellen. Überfrachtete Excel-Tabellen sind dazu also ebenso wenig hilfreich wie Dokumentenberge, die auf internen Laufwerken abgelegt werden. Ein integriertes System macht es möglich, die geforderten **Informationen einfach und klar zu visualisieren**, idealerweise für jeden sichtbar auf einem großen Bildschirm im Newsroom oder als Dashboard auf dem eigenen Rechner.

Es gibt eine Reihe von Unternehmen, die hilfreiche Lösungen für die Arbeit im Corporate Newsroom anbieten. Folgende Faktoren sollten Sie bei der Auswahl eines Thementools berücksichtigen:

- Anforderungen,
- einfache Nutzbarkeit,
- Kosten,
- Datenschutz,
- Datensicherheit sowie
- die IT-Landschaft in Ihrem Unternehmen.

Machen Sie sich rechtzeitig Gedanken über das geeignete Instrument. Beziehen Sie Ihr Team in den Auswahlprozess ein. Gründen Sie eine Arbeitsgruppe, die

- Testaccounts anlegt,
- Auswahlkriterien erarbeitet,
- eine Shortlist mit geeigneten Tools erstellt und
- die Ergebnisse dem gesamten Team präsentiert.

Folgende Punkte sollten Sie bei der Auswahl eines Planungstools für Ihren Corporate Newsroom berücksichtigen:

- Rechtssicherheit
  - Welche juristischen Fragen sind zu klären?
  - Ist der Datenschutz (DSGVO) gewährleistet?
- IT-Sicherheit und IT-Kompatibilität
  - Gibt es Datensicherheitsbedenken?
  - Ist das System kompatibel mit der bestehenden IT-Landschaft?
- Testbetrieb
  - Parallel zum bisherigen Vorgehen testen
  - Vor- und Nachteile untersuchen
  - Tool bewerten

In der Praxis hat sich gezeigt, dass Unternehmen auch eigene Lösungen im Rahmen ihrer internen Software-Umgebung entwickeln können. Bitte unterschätzen Sie aber nicht den Zeitaufwand, den Sie für eine solche Programmierung einkalkulieren müssen.

Zuerst das Thema, dann der Kanal: Nach dieser Logik arbeitet der Corporate Newsroom. Ein modernes Tool zur Themenplanung stellt sicher, dass alle Mitarbeitenden wissen, welche Themen die Abteilung gerade plant.

2.3 Konferenzen strukturieren den Tag

Zu den Routinen im Corporate Newsroom gehören die Konferenzen. Sie helfen, den Arbeitstag zu strukturieren. Hier spricht das Team über

- Themen,
- Inhalte,
- Relevanz,
- Aktualität,
- Termine und
- Produktionsfortschritte.

Die Konferenz im Newsroom ist ein Marktplatz für Neuigkeiten. Hier findet ein organisierter inhaltlicher Austausch unter Kolleginnen und Kollegen statt. In der Konferenz wird klar, wer gerade an welchem Thema arbeitet. Dies sind wichtige Informationen. Abteilungen ohne Newsroom kommunizieren dies häufig nicht. Je nach Größe des Newsrooms ist es dabei sinnvoll, mindestens einmal am Tag zu konferieren und zumindest eine erste Konferenz am Morgen abzuhalten. In einigen Unternehmen heißt diese Zusammenkunft Morgenlage. Darüber hinaus können im Tagesablauf noch weitere Konferenzen stattfinden – etwa am

Nachmittag, wo das Ergebnis der Themenarbeit auf den unterschiedlichen Plattformen bewertet wird.

In den Konferenzen sondieren die Beteiligten die Nachrichtenlage. Aktuelle Einflüsse aus den sozialen Medien, aus der Presse oder aus dem Unternehmen werden dabei ebenso diskutiert wie geplante Ereignisse oder Kampagnen. In den Konferenzen werden Verantwortlichkeiten für den Tag festgelegt und Kernprozesse diskutiert. All dies immer unter der Maßgabe, themenorientiert zu denken.

Das Konferenzsystem

Mehrere Konferenzen im Newsroom bezeichnen wir als Konferenzsystem. Der Vorteil liegt in der guten Planbarkeit absehbarer Termine und Ereignisse. Auch akute Krisenfälle lassen sich in einem institutionalisierten System vergleichsweise gut bearbeiten. Ein Konferenzsystem sollte aus folgenden Bausteinen bestehen:

- Jahresplanung
  - Definition der Kommunikationsziele
  - Ableitung von Themenfeldern
  - Ableitung von Kernbotschaften
  - grobe Kampagnenplanung
- Quartalskonferenz
  - Review und Ausblick
  - Planung von Themen und Kampagnen
  - erste Ableitung von Storys
  - grobe Zeitplanung
- Monatskonferenz
  - Review und Ausblick

    - Langfristplanung Story-Level
    - Grobplanung Content
    - Aufgaben- und Ressourcenplanung
- Wochenkonferenz
    - Review und Ausblick
    - Story-Planung
    - Content-Planung
    - Aufgaben- und Ressourcenplanung
- Morgenlage
    - Medienlage
    - eigene Themen
    - Ressourcenübersicht
    - Impulse

Bei der Jahresplanung und der Quartalskonferenz legt das Strategieteam gemeinsam mit den CvDs den strategischen Rahmen fest. In den Monats- und Wochenkonferenzen sowie der täglichen Morgenlage wird diese Strategie dann operativ umgesetzt. Entsprechend sollten hier die CvDs sowie das Themen- und Medienmanagement teilnehmen.

Eine Konferenz moderieren

Konferenzen brauchen eine klare Struktur. Kein Steuerungsinstrument ist teurer, wenn Sie die Gehälter der versammelten Mitarbeitenden zum Maßstab machen. Und nichts ist schlimmer, als wenn das Team gelangweilt an die Decke starrt. Dazu können Sie sich eines kleinen psychologischen Kniffs bedienen: Niemand schreibt vor, dass Konferenzen im Sitzen stattfinden müssen. Wenn das Team im wahrsten Sinne des Wortes zusammensteht, gewinnen Sie an Tempo und Stringenz. Gleichwohl sollten die CvDs gut vorbereitet sein. Folgende Leitfragen helfen bei der Moderation einer Konferenz:

- Strategischer Wert
  - Worauf zahlen Thema, Content oder Story ein?
  - Welches Ziel verfolgen wir mit Thema, Content oder Story?
  - Wann sind wir damit erfolgreich?
  - Welche qualitativen und quantitativen Faktoren können wir definieren?
  - Welche Gewichtung können wir definieren für Themen, Storys oder Beiträge?
- Zielgruppen
  - Welche Zielgruppen wollen wir erreichen?
  - Gibt es unterschiedliche Botschaften für unterschiedliche Zielgruppen?
- Kanäle
  - Welche Kanäle sollten oder wollen wir nutzen?
  - Welche Kanäle versprechen den größten Effekt?
  - An welcher Stelle lohnt sich eine Verzahnung unserer Kanäle?
- Formate (Texte, Videos und andere)
  - Welche Formate nutzen wir angesichts der gewählten Kanäle und Zielgruppen?
  - Welches Format produziert der Themendesk?
  - Welche Formatbestandteile benötigen Kreativ- und Mediendesks?

- Timing
  - Redaktions-Deadline: Wann muss das fertige Material zur Verfügung stehen?
  - Publikations-Deadline: Wann soll der einzelne Content publiziert werden?
- Aufgaben, Zuständigkeiten, Ressourcen
  - Wer macht was?
  - Welche Aufgaben ergeben sich mit Blick auf Recherche, Formatproduktion und Asset Management?
  - Bis wann müssen die Aufgaben erledigt sein?
- Freigaben
  - Wann und für welche Informationen erfolgen inhaltliche Freigaben durch interne Stakeholder?
  - Sind Abstimmungen für den Content erforderlich?

Verhaltensregeln für Konferenzen

In der Praxis hat sich gezeigt, dass die Einführung eines Newsrooms und damit der Aufbau eines Konferenzsystems für die Teams einen Kulturwandel darstellen. Eine Konferenz muss bestimmten Regeln folgen, um nicht den Ruf eines ineffektiven Meetings zu bekommen. Daher ist es angebracht, die CvDs in dieser Hinsicht zu schulen. Sie müssen selbstbewusst moderieren, damit die Konferenz zählbare Ergebnisse hervorbringt. Alle Teilnehmenden müssen sich dabei an Regeln halten. Nachfolgend findet sich eine Übersicht über wichtige Verhaltensregeln für Konferenzen im Corporate Newsroom. Diese sollten Sie an Ihr Team kommunizieren oder gemeinsam erarbeiten, wenn Sie einen Newsroom einführen:

- Wir arbeiten in einem engen Zeitrahmen. Deshalb fangen wir pünktlich an und hören pünktlich auf.
- Wir nehmen das Treffen ernst: keine Telefonate, Mails, Chats, Nahrungsaufnahme oder Zeitungslektüre nebenher.
- Wir sind gut vorbereitet.
- Wir akzeptieren die Konferenzleitung.
- Wir sprechen nacheinander und lassen die anderen Teilnehmenden ausreden.
- Wir haben einen roten Faden und fassen uns kurz.
- Wir üben inhaltliche Kritik in einem moderaten Ton, werden dabei aber niemals persönlich.
- Wir nehmen inhaltliche Kritik ernst.
- Wir wollen Themen voranbringen und das eigene Ego zurückstellen.
- Wir protokollieren die Ergebnisse.

Wenn Sie einen Corporate Newsroom planen, sollten Sie auch digitale oder hybride Konferenzen ermöglichen. Für diese Formate ergeben sich ergänzende Regeln:

- Bevor das Meeting beginnt, haben wir uns mit den technischen Aspekten befasst.
- Wir haben die Kamera grundsätzlich angeschaltet.
- Wenn wir nicht reden, schalten wir das Mikrofon aus.
- Wir respektieren die Person, die das Meeting moderiert.
- Wir rufen nicht hinein, sondern machen uns per Handzeichen bemerkbar.
- Wir versuchen, den Hintergrund professionell zu halten.
- Wir richten unseren Fokus auf das aktuelle Meeting.

Es gibt unterschiedliche Arten von Konferenzen. Sie strukturieren den Arbeitstag im Corporate Newsroom und helfen, Informationen zu teilen. Das Team hält sich dabei an bestimmte Verhaltensregeln.

2.4 Prozesse im Newsroom

Die Prozesse im Corporate Newsroom orientieren sich an Arbeitszeiten und thematischen Routinen. Es kann in vielen Fällen sinnvoll sein, dass die CvDs versetzt arbeiten. Eine Chefin vom Dienst könnte also beispielsweise morgens um 7 Uhr beginnen und die Morgenlage vorbereiten. Ihr Kollege könnte um 13 Uhr starten und bis in den frühen Abend hinein arbeiten. Tatsächlich sind die Arbeitszeiten sehr unterschiedlich und häufig auch abhängig von Betriebsvereinbarungen. Ein hoher Anteil an Heimarbeitsplätzen wirkt sich dabei genauso auf die Abläufe aus wie Halbtagsstellen oder Sondervereinbarungen. Sinnvoll ist eine Kernarbeitszeit von 9 bis 17 Uhr. Unternehmen, die sehr onlineaffin sind, müssen darüber hinaus sicherstellen, dass ihre Kanäle bereits vor 9 Uhr auf dem aktuellen Stand sind. Ebenso kann ein Spätdienst in diesem Fall durchaus sinnvoll sein, vor allem um die Social-Media-Plattformen zu beobachten.

Kernprozess

Der Weg eines Themas durch den Newsroom stellt den Kernprozess dar. Dieser gleicht einem Kreislauf. Der Corporate-Newsroom-Prozess besteht aus folgenden Schritten:

CORPORATE-NEV

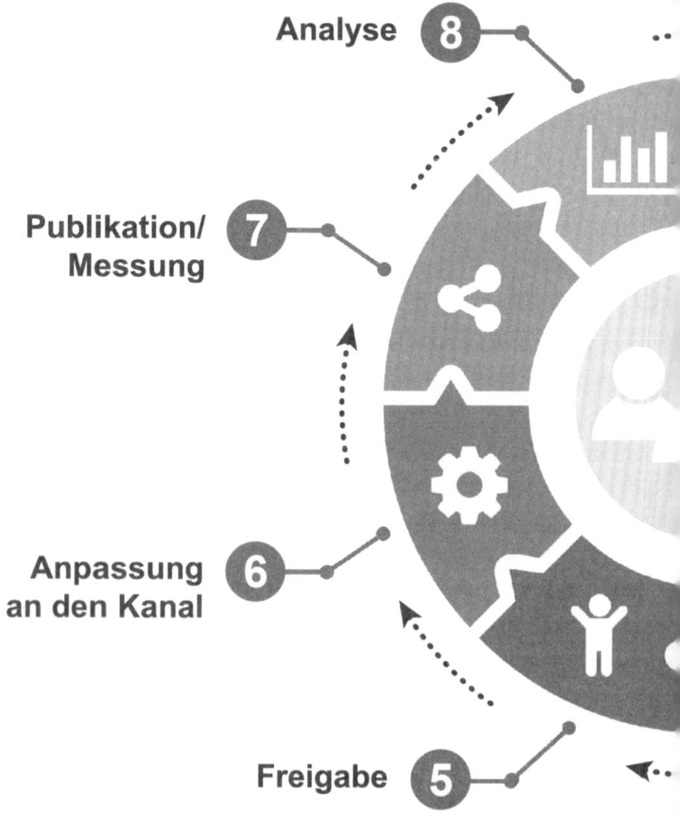

SROOM-PROZESS

1. Eingang: Ein Mitglied des Themendesks erfährt von einem Thema aus dem Unternehmen und trägt dieses ins Thementool ein.
2. Bewertung: Das Newsroom-Team bespricht das Thema in der Konferenz. Folgende Punkte sind dabei wichtig:
   - strategischer Wert und Ziel
   - Zielgruppen
   - Kanäle
   - Formate (Texte, Videos und andere)
   - Timing
   - Aufgaben
   - Zuständigkeiten
   - Ressourcen
   - Freigabe
3. Planung: Das CvD-Team hält die Aufgaben und Ergebnisse gleichzeitig im Thementool fest. Daraus entstehen ein Gesamtkonzept und Briefings für die Produktion.
4. Produktion: Ein Mitglied des Themendesks erstellt in Absprache mit den Mediendesks die Materialien oder koordiniert die Produktion von Medienformaten.
5. Freigabe: Ein Mitglied des Themendesks lässt das fertige Material durch den Fachbereich freigeben.
6. Anpassung an den Kanal: Die Mediendesks übernehmen das Material und passen es in Absprache mit dem Themendesk an ihre Medien an (Teasertexte).
7. Publikation/Messung: Die Mediendesks veröffentlichen die Inhalte auf ihrem Kanal und tragen Sorge für eine qualitative und quantitative Erfolgsmessung.

8. Analyse: Das CvD-Team sammelt die Ergebnisse, fasst sie zusammen und sorgt für den Abgleich mit den zuvor festgelegten Zielen.

Musterprozess: Nachricht zum Thema Personalentwicklung

1. Eingang: Ein Mitglied des Themendesks *HR/Personal* erfährt von einem Thema aus der HR-Abteilung und trägt dieses in das Thementool ein.
2. Bewertung: Das Newsroom-Team bespricht das Thema in der Konferenz. Die Information wird als strategisch relevant eingestuft. Die Konferenz plant eine Nachricht als reines Textformat mit Fotomaterial für die Zielgruppen Führungskräfte, Journalismus sowie breite Öffentlichkeit. Dazu werden die folgenden Kanäle und Medien bedient: *Führungskräfte*, *Print* sowie *Online/Social Media*. Die Texte müssen innerhalb von zwei Tagen erstellt werden. Zuständig ist der Themendesk *HR/Personal,* der über einen Dienstleister auch Bildmaterial bestellt. Die entsprechenden Ressourcen dafür sind vorhanden. Der Themendesk wird sich auch um die Freigaben kümmern.
3. Planung: Das CvD-Team hält die Aufgaben und Ergebnisse gleichzeitig im Thementool fest. Daraus entstehen ein Gesamtkonzept und Briefings für die Produktion. Die CvDs informieren den Themendesk *HR/Personal.* Sie bestellen dort eine Langfassung der Nachricht mit 3 000 Zeichen für den Mediendesk 1 *Führungskräfte*. Der Mediendesk 2 *Print* und der Mediendesk 3 *Online/Social Media* erhalten jeweils eine Kopie.

4. Produktion: Ein Mitglied von Themendesk 2 *HR/Personal* produziert die Nachricht und sorgt für die Bereitstellung der Bilder.
5. Freigabe: Ein Mitglied von Themendesk 2 *HR/Personal* holt alle notwendigen hausinternen Abstimmungen und Freigaben ein.
6. Anpassung an den Kanal: Die Mediendesks *Führungskräfte* sowie *Print* und *Online/Social Media* übernehmen das Material und passen es in Absprache mit dem Themendesk an ihre Medien an (Teasertexte).
7. Publikation/Messung: Die Mediendesks *Führungskräfte* sowie *Print* und *Online/Social Media* veröffentlichen die Inhalte auf ihrem Medium und tragen Sorge für eine qualitative und quantitative Erfolgsmessung.
8. Analyse: Die CvDs sammeln die Ergebnisse, fassen sie zusammen und sorgen für den Abgleich mit den zuvor festgelegten Zielen.

Der Corporate Newsroom sieht eine eindeutige Trennung von Themen und Medien vor:

- Der Corporate Newsroom wird mit vier Positionen besetzt: Das Strategieteam strukturiert die Kommunikationsarbeit, das CvD-Team übernimmt die operative Kommunikationsarbeit, das Themenmanagement stellt die Verbindung zu den Fachabteilungen her und das Medienmanagement betreut die unterschiedlichen Plattformen und Kanäle.

- Ein modernes Planungstool informiert das gesamte Team über die geplanten Themen. Es stellt sicher, dass alle wissen, welche Themen die Abteilung gerade plant und bearbeitet.
- Zur Strukturierung des Arbeitstages dient ein System von Konferenzen. Auf diese Weise wird das Wissen im Newsroom geteilt. Für die Teilnahme gelten bestimmte Verhaltensregeln.
- Der Standardprozess im Newsroom beschreibt den Weg eines Themas in ein bestimmtes Medium. Dazu gehören acht Schritte vom Themeneingang bis zur Analyse.

In welchen Phasen läuft die Einführung eines Corporate Newsrooms ab?

Seite 52

Welche Fehler können auftreten, wenn Sie einen Newsroom aufbauen?

Seite 58

Was sollten Sie bei der architektonischen Gestaltung beachten?

Seite 63

3. Wie Sie einen Corporate Newsroom einführen

Wenn Sie sich für einen Corporate Newsroom entscheiden, werden Sie regelmäßige Veränderung erleben. Seien Sie geduldig, hören Sie zu und nehmen Sie die Sorgen Ihrer Kolleginnen und Kollegen ernst. Der Newsroom ist ein **Change-Projekt**. Wenn Sie diesen Schritt gehen, ändern Sie die Kultur Ihrer Abteilung. Sie sollten Ihr Team an diesem Prozess beteiligen. Mit einer flexiblen Architektur schaffen Sie die Voraussetzungen für hybrides Arbeiten im Homeoffice und im Büro.

3.1 Der Newsroom ist ein Change-Projekt

Was unterscheidet Marketing von Kommunikation? Häufig ist es das Budget. Manchmal sind es die Ziele. Aber warum eigentlich?

Ein Corporate Newsroom bedeutet Veränderung. Es ist ein Change-Projekt, das die vollkommen antiquierte Unterscheidung zwischen beiden Abteilungen beendet. Und das ist auch gut so. Denn die einen wollen Inhalte fürs Marketing produzieren, also Content Marketing betreiben. Die anderen wollen Themen für die Reputation bearbeiten, also Kommunikation praktizieren. Beides ist im Kern genau dasselbe.

Unternehmen, die Kommunikation und Marketing aus einem gemeinsamen Newsroom heraus steuern, verfügen über einen unglaublichen Vorteil: Die Kommunikatorinnen und Kommunikatoren lernen, Kampagnen zu planen. Und die Marketingleute verstehen, in Themen zu denken.

Denken Sie in Themen, nicht in Budgets

Es gibt nur einen Grund, nicht aus einem gemeinsamen Newsroom heraus Kommunikation zu steuern: Hauspolitik. Es ist diese uralte Haltung, Machtkämpfe über organisatorische Zuständigkeiten auszutragen. „Das ist mein Budget. Das gebe ich nicht ab." Budgets aber sollten nur dann für die Steuerung relevant sein, wenn sie mit themenorientierten Zielen unterlegt sind:

- „Wie gut ist das Thema?“
- „Wie wichtig ist das Thema?“
- „Welche Ziele verfolgen wir mit dem Thema?“
- „Zahlt das Thema auf unsere Strategie ein?“

Dies ist vor allem relevant in einer Zeit knapper Werbebudgets. Media mit vollem Geldbeutel zu buchen, ist einfach, aber wenig effektiv. Die Zukunft liegt im Content Marketing, das einen kreativen, empathischen Prozess in Gang setzt. Ausgehend von der Frage: Mit welchem Inhalt kann unser Unternehmen eine Wirkung erzielen? Statt über Budgets sollten Sie also über Ideen sprechen.

Entwickeln Sie nachhaltige Kampagnen, die über einen längeren Zeitraum als ein oder zwei Jahre tragen. Geschichten, die eine Marke, eine Person oder ein Unternehmen neu positionieren. Dies ist besonders wichtig in einer Zeit, in der sich viele Rahmenbedingungen ändern. Hier scheitern gerade sehr viele Unternehmen, weil sie noch in alten Strukturen leben.

Arbeiten Sie mit Ihrem Team

Schenken Sie Ihrem Team genügend Aufmerksamkeit, wenn Sie einen Corporate Newsroom aufbauen wollen. Ihre Mitarbeitenden müssen darauf vertrauen können, dass Sie als Führungskraft die Beteiligten nicht einfach vor vollendete Tatsachen stellen. Niemand möchte wie eine Schachfigur hin und her geschoben werden. Am besten entwickeln Sie das Konzept gemeinsam mit Ihrem Team. Es empfiehlt sich, den Aufbau eines Corporate Newsrooms in drei Phasen zu unterteilen:

- Vorbereitungsphase
- Designphase
- Implementierungsphase

In all diesen Phasen müssen die Führungskräfte absolute Sicherheit ausstrahlen. Geben Sie sich und Ihrem Team genügend Raum für Sorgen und Einwände. Denken Sie dabei an eine emphatische Moderation.

> Der Corporate Newsroom ist kein fertiges Produkt. Er ist ein Change-Projekt, der Einstieg in einen permanenten Veränderungsprozess.

Denn auch in Zukunft werden sich Themen verändern, neue Kanäle und Plattformen hinzukommen und andere nicht mehr relevant sein. Dieser Wandel verläuft immer schneller und dynamischer. Darauf müssen Sie Ihr Team vorbereiten. Lassen Sie sich in dieser Zeit professionell begleiten. Vor allem aber: Seien Sie nicht zu hastig. Beginnen Sie zunächst mit einer sauberen Analyse des Status quo in der Vorbereitungsphase.

Vorbereitungsphase

Wenn Unternehmen neue Strukturen einführen, verfolgen sie damit idealerweise ein strategisches Ziel. In der Vorbereitungsphase ergibt sich die Frage, welchen Nutzen Sie sich von einer Newsroom-Einführung versprechen. Die folgenden Aussagen fassen die Erwartungen der Projektbeteiligten zusammen, wie sie typischerweise in Unternehmen geäußert werden:

- „Weniger ist mehr: Wir setzen unsere knappen Ressourcen über alle Kanäle sinnvoll ein."
- „Wir werden in der Öffentlichkeit als kompetenter Partner wahrgenommen."
- „Wir kommunizieren aktiv."
- „Wir verstehen Kommunikation als dynamischen Veränderungsprozess."

Wenn Sie die Ziele und Erwartungen an die Newsroom-Einführung formuliert haben, beginnt eine intensive Analyse. Nehmen Sie sich dafür Zeit und suchen Sie sich Unterstützung. Diese Phase umfasst die Erfassung und Bewertung des Status quo bei:

- Aufbau- und Ablauforganisation,
- Kernprozessen,
- Themenmanagement sowie
- Zuständigkeiten.

Außerdem müssen Sie sämtliche Medien, Plattformen und Kanäle detailliert erfassen. **Diese Phase ist sehr arbeitsintensiv**. Sie ist geprägt durch Abteilungsworkshops sowie Interviews mit Verantwortlichen und Aufgabenträgern in Ihrem Unternehmen. Eine klar abgestimmte Kommunikation mit dem Team ist dabei unausweichlich. Wenn Sie diese Aufgaben abgearbeitet haben, können Sie zur Designphase übergehen.

Designphase

Auf die Analyse folgt die Arbeit am Zielbild. In der Designphase müssen Sie die Mitarbeiterinnen und Mitarbeiter in den Prozess einbeziehen. Nur so können Sie Skepsis und Sorgen frühzeitig entgegentreten. Vergessen Sie nicht: Die angestrebten organisatorischen und räumlichen Änderungen sind von fundamentaler Natur. Betroffen sind Ihre Aufbauorganisation und sämtliche Prozesse. Es ändert sich faktisch alles, möglicherweise auch die konkreten Stellenbeschreibungen. Spätestens jetzt also müssen Sie Geschäftsführung, Personalabteilung und – falls vorhanden – Ihren Betriebsrat informieren.

Wichtig ist es in dieser Phase, gemeinsam mit dem Team möglichst viele Kernprozesse zu simulieren. Unterschätzen Sie dabei nicht die Sorge vor Überbürokratisierung und zeitraubenden Abstimmungen. Aus unserer Beratungspraxis wissen wir, dass die Akzeptanz schnell steigen kann, wenn einige Voraussetzungen gelten. So sollte Ihr Team in dieser Phase erkennen, dass der Corporate Newsroom auch mit vermeintlichen Ausnahmesituationen umgehen kann, zum Beispiel:

- Krise,
- Projekte,
- aktuelle Großereignisse sowie
- Zusammenarbeit mit externen Dienstleistern.

Ebenso ist es wichtig, nun ein Konferenzsystem zu erarbeiten. Dieses sollten Sie in Workshops üben und trainieren. Daneben müssen Sie in dieser Phase technische Fragen klären. Und nicht vergessen: Ihr Corporate Newsroom wird in Themen denken. Sie brauchen also ein funktionierendes Tool für die Themenplanung.

Dabei müssen Sie auch mögliche architektonische Änderungen sowie Homeoffice berücksichtigen. Wenn Sie die Newsroom-Idee konsequent umsetzen, führen Sie ehemals separate Abteilungen, Büros, Einheiten und Mitarbeitende zusammen. Im Vordergrund stehen dabei Maßnahmen zur ästhetischen Raumgestaltung und zur Akustik wie etwa schallschluckende Bauteile, Teppiche, Segel oder Schreibtischelemente. Solche Eingriffe kosten oft sehr viel Zeit. Sie sollten also spätestens jetzt die Geschäftsführung in Ihrem Haus informieren. Wenn Sie dies abgearbeitet haben, können Sie zur letzten Phase übergehen, der Implementierungsphase.

Implementierungsphase

Sie haben es geschafft. Beinahe. Im Fußball liegt die Wahrheit auf dem Platz. Übertragen auf den Corporate Newsroom heißt das: Bleiben Sie wachsam!

Die Veränderung ist an jeder Stelle spürbar. Ihr Corporate Newsroom ist nun architektonisch, technisch und organisatorisch ausgereift. Spätestens jetzt muss Ihr Zielbild stehen. Sie sollten also alle Abstimmungen mit Geschäftsführung, Personalabteilung, Betriebsrat und vor allem Ihren Mitarbeitenden vollzogen haben.

Nun können Sie spüren, dass Ihr Team mit dem operativen Start des Corporate Newsrooms beginnen möchte. Gehen Sie aber nicht davon aus, dass schon alles perfekt läuft. Newsroom heißt Veränderung. Vergessen Sie nicht, dass Sie **neue Rollen** geschaffen haben. Ihre CvDs brauchen sicherlich Coaching. Hinterfragen Sie auch, ob der Zuschnitt der Themendesks schlüssig ist. Funktioniert Ihr Konferenzsystem? Läuft das Planungstool? Nehmen Sie sich ausreichend Zeit und hinterfragen Sie sich und die Prozesse im Newsroom. Dann wird Ihr Corporate Newsroom ein Erfolg.

Schenken Sie Ihrem Team genügend Aufmerksamkeit, wenn Sie einen Corporate Newsroom aufbauen wollen. Nehmen Sie sich ausreichend Zeit für Analyse und Aufbau der neuen Strukturen. Beteiligen Sie Ihre Kolleginnen und Kollegen an den Prozessen.

3.2 Fehler, die Sie unbedingt vermeiden sollten

Wenn Sie einen Corporate Newsroom einführen, treffen Sie eine mutige Entscheidung. Aber Vorsicht: Die Veränderung ist massiv, und das werden Sie bereits während des Aufbaus des Newsrooms spüren. Der Change-Prozess kann unter Umständen sogar das gesamte Projekt zum Scheitern bringen. Vor allem dann, wenn Sie fehlerhaft mit Ihrem Team kommunizieren.

Was viele Unternehmen unterschätzen: Die Angst vor Veränderung und Sorge vor Kontrollverlust kann alle Beteiligten lähmen. Wenn Sie einen Newsroom aufbauen, müssen Sie konsequent **Veränderungskommunikation** betreiben –

vor allem wenn es Ihre eigene Abteilung betrifft. Machen Sie sich also früh Gedanken über Change-Kommunikation. Und vermeiden Sie diese Fehler:

- mangelnde Transparenz,
- zu viel Druck,
- isolierte Teammitglieder,
- politische Kompromisse,
- kein Sinn für Ästhetik.

Nachfolgend gehen wir auf die größten Fehlerquellen beim Aufbau eines Corporate Newsrooms ein.

Mangelnde Transparenz

Man sollte meinen, dass Kommunikationsprofis besonders gut in der eigenen Abteilung kommunizieren. Wenn Sie einen Corporate Newsroom einführen, werden Mitarbeitende hellhörig. Sie wollen wissen, welche Aufgabe sie künftig erledigen, wo ihr Schreibtisch steht und wer ihre Vorgesetzten sind.

Das Problem: Führungskräfte müssen auch gegenüber der Geschäftsleitung und in vielen Fällen gegenüber dem Betriebsrat transparent informieren. Unter diesen Umständen das richtige Maß und Tempo zu finden, ist nicht einfach. Die einen laden Workshop-Protokolle im Intranet hoch, um größtmögliche Transparenz zu leben. Die anderen kommunizieren mit ihrem Team äußerst diskret, um ja keine Befindlichkeiten zu berühren.

Die Erfüllung des Wunsches nach Transparenz wird erschwert, weil erst die formale Struktur feststehen muss, bevor konkrete Namen an Funktionen und Aufgaben geschrieben werden können. Diese Situation löst Unsicherheit aus und ist belastend. Nur wenn die Beteiligten selbst intensiv an der neuen Struktur mitarbeiten dürfen, lässt sich dieser Konflikt lösen. Dazu müssen Sie die Spielregeln eindeutig definieren. Wenn die Abteilung alte Silos auflösen will, dürfen nicht neue Silos das Ergebnis der Newsroom-Einführung sein. Transparenz lässt sich nur leben, wenn eine Führungskraft mit einem nachvollziehbaren Plan in den Prozess geht – und diesen Plan auch lebt.

Zu viel Druck

Blinker links und dann Vollgas: So stellen sich manche Führungskräfte ein erfolgreiches Veränderungsprojekt vor. Diese Erwartungshaltung ist falsch. Ansage und Ausführung sind kein Ausdruck von Stärke. Im Gegenteil: Wenn Führungskräfte wie Getriebene wirken, brennt auch die Abteilung irgendwann aus. **Klar formulierte Erwartungen und Ziele sind wichtig für den Projekterfolg**. Sie müssen die Spannung hochhalten, dürfen aber nicht überdrehen.

Die Führungsmannschaft ist gedanklich von Natur aus in strategischen Themen unterwegs. Im Veränderungsprozess sind sie damit in der Regel um ein Vielfaches schneller als operativ arbeitende Menschen. Wenn aber die Teams nicht mehr folgen, verpufft letztendlich der Effekt des Projekts. Dann werden aus überzeugten Fans frustrierte Untergebene.

Isolierte Teammitglieder

Veränderungsprozesse sind kompliziert und anstrengend – für alle Beteiligten. Innerhalb des Teams gibt es schnell begeisterte Fans, aber auch zögerliche und ablehnende Menschen. Die Fans bereiten einer Führungskraft die größte Freude. Sie beteiligen sich aktiv, melden sich zu jedem Workshop freiwillig und übernehmen mit großer Überzeugung wichtige Aufträge für das Projekt.

Auch Personen, die mitlaufen, bereiten selten Kummer. Ihr Verhalten ist meist von Zurückhaltung geprägt. Die Hoffnung ist groß, den Veränderungsprozess ohne Blessuren zu überstehen.

Die Ablehnenden aber entscheiden über Erfolg und Misserfolg des Projekts. Sie zeigen destruktives Verhalten. Sie sind missmutig und äußern dies auch. Und vor allem haben sie das Potenzial, die Stimmung in der Mannschaft zu vergiften.

Die Leitung kann in einer solchen Situation zwei große Fehler begehen: Sie kann diese Mitarbeitenden ignorieren oder ihnen im Projekt minderwertige Aufgaben geben. Solche Fehler wirken allerdings wie ein Brandbeschleuniger. Die Betroffenen spüren die Ausgrenzung und zeigen dies der gesamten Abteilung – in der Kaffeeküche, beim Mittagessen oder in der S-Bahn. Und schlimmstenfalls solidarisieren sich die ursprünglich wohlmeinenden Teammitglieder mit den Verstoßenen, weil sie deren Behandlung als ungerecht empfinden.

Besser ist es, die Ablehnenden mit anspruchsvollen, aber lösbaren Projektaufgaben zu versehen. Lassen Sie ihnen ausreichend Zeit, damit sie anschließend die Ergebnisse dem gesamten Team präsentieren können. Dies werden sie kaum ablehnen, weil sie sich vor der Gruppe keine Blöße geben wollen. Und sie werden für dieses Verhalten Anerkennung bekommen, auch wenn sie bei ihrer ablehnenden Haltung bleiben.

Eine Abteilung kann gegenläufige Strömungen aushalten, wenn diese klug moderiert werden. Dies setzt indes souveräne Autorität in der Führung voraus. Fehlt diese, wird das Veränderungsprojekt zum Albtraum.

Politische Kompromisse

Unternehmen können Orte sein, an denen Intrigen, Seilschaften und Klüngelwirtschaft zur gelernten Kultur gehören. In einem solchen Klima könnten Verantwortliche geneigt sein, im Veränderungsprozess den politisch gewollten Kompromiss zu suchen. Im Spiel mit der mächtigen Geschäftsleitung könnten sie ein Ergebnis anstreben, das im Zweifel die eigene Karriere sichern soll.

Mitarbeitende aber schätzen Menschen mit Charisma. Wer als Führungskraft das eigene Glück in Marathon-Meetings mit der Geschäftsleitung sucht, verliert an schließlich Akzeptanz innerhalb der eigenen Belegschaft. Jedenfalls dann, wenn dabei keine zählbaren Ergebnisse für die Abteilung herauskommen. Etwa bei der Frage, wie viele Abstimmungsschleifen notwendig sind, um künftig Texte für die Kommunikation freizugeben. Oder wie intensiv Fachabteilungen bei der Farbgebung von Infografiken mitregieren dürfen.

Nur ein Corporate Newsroom, der seine eigenen Abläufe auch wirklich im Griff hat, kann dazu Forderungen stellen. Leitende, die dazu fähig sind, dieses Procedere zu verschlanken, werden sich reichlich Anerkennung bei ihrem Team verdienen.

Kein Sinn für Ästhetik

An ihrem Arbeitsplatz verbringen Menschen einen großen Teil ihres Lebens. Es gibt also gute Gründe, diesen Ort besonders anspruchsvoll zu gestalten. Es ist eine Investition in Qualität.

Ein langweiliger, schäbiger Arbeitsplatz produziert langweilige, schäbige Ergebnisse. Menschen, die bei der Arbeit nicht lachen, lassen das ihre Umwelt spüren – innerhalb und außerhalb des Unternehmens. Die Gestaltung des Arbeitsplatzes spielt bei Veränderungsprojekten eine herausragende Rolle. Zumindest in den Augen der Mitarbeitenden, die sich viele Fragen stellen:

- Wo werde ich arbeiten?
- Mit wem werde ich zusammensitzen?
- Oder vielleicht sogar stehen?
- Werde ich einen eigenen Schreibtisch haben?
- Wie wird dieser aussehen?
- Werde ich im Homeoffice arbeiten können?

Die Betroffenen interessieren diese Fragen brennend. Daher wäre es wünschenswert, wenn auch die Führungskraft dieses Interesse teilte. Ästhetik, gute Luft, schöne Farben, Kunst und schicke Möbel wirken positiv auf Menschen – und die Ergebnisse, die sie an ihrem Arbeitsplatz erzielen. Wer das vergisst, begeht einen schweren Fehler. Aus diesem Grund werden wir im folgenden Kapitel über die räumliche Gestaltung im Corporate Newsroom sprechen.

Der Change-Prozess kann das gesamte Projekt zum Scheitern bringen. Lassen Sie daher Vorsicht walten. Seien Sie transparent und geduldig, zeigen Sie Sinn für Ästhetik, integrieren Sie Teammitglieder und vermeiden Sie politische Kompromisse.

3.3 Architektur im Corporate Newsroom

Der Corporate Newsroom ist eine Denkhaltung. Die Idee funktioniert in realen Räumen genauso gut wie rein digital. Das Corona-Virus hat gezeigt, wie flexibel das Modell sein kann. Als die Pandemie zum ersten Mal spürbar wurde, wechselten in kurzer Zeit nahezu alle Newsroom-Teams aus den Unternehmen ins Homeoffice. Maximal die CvDs waren in einigen Fällen noch physisch vor Ort.

Viele Unternehmen mussten ihre Content-Strategie in kurzer Zeit komplett ändern. Plötzlich waren Botschaften wichtig wie:

- „Wie kommen wir durch die Krise?“
- „Was kann unser Unternehmen dazu beitragen, dass diese Krise gemeistert wird?“
- „Wie schützen wir unsere Angestellten?“

Es hat sich gezeigt, wie gut sich gerade kleine Ad-hoc-Kampagnen in dieser Struktur umsetzen lassen. Redaktionskonferenzen können mithilfe von Tools wie Zoom oder Teams auch mit vielen Teilnehmenden digital stattfinden.

Diese Entwicklung wird sich fortsetzen. Der Bedarf nach digitalen Meetings wird auch in Zukunft hoch sein. Mitarbeitende werden zwischen Homeoffice und physischem Newsroom pendeln.

Kreativität dürfte vor allem im realen Newsroom entstehen, konzentrierte Arbeit ist aber sehr gut auch zu Hause möglich. Dies sollten Sie berücksichtigen, wenn Sie die Architektur für Ihren Corporate Newsroom planen.

Räumliche Anforderungen

Wenn Sie Ihren Corporate Newsroom gestalten wollen, tun Sie dies in bester Absicht. Sie planen einen funktionalen, ästhetischen Raum, der positiv auf Ihr Team ausstrahlt. Gleichzeitig wollen Sie so flexibel wie möglich bleiben, sodass Sie Homeoffice und hybrides Arbeiten ermöglichen. Die räumlichen Veränderungen sind also kein Selbstzweck. Sie sollten Ihr Team in die Gestaltung einbeziehen und sich zunächst diese Fragen stellen:

- Welche Anforderungen stellt Ihr Team an die räumliche Gestaltung?
- Welche personelle Größe hat der Corporate Newsroom?
- Welche baulichen Beschränkungen gibt es?
- Welche Aufgaben müssen die Mitarbeitenden erledigen?

- An welcher Stelle sind räumliche Umbaumaßnahmen möglich und angedacht?
- Welche Hardware und Büromöbel sollen genutzt werden?
- Haben Sie großen Bedarf an Platz für vertrauliche Gespräche?
- Benötigen Sie Räumlichkeiten mit speziellen Funktionen wie Film-, Ton- oder Fotostudios?

Grundsätzlich sollten Sie gewährleisten, dass alle Besprechungs- und Arbeitsplätze flexibel ausgestattet sind. Damit ermöglichen Sie hybride Meetings und Videokonferenzen. Wenn Ihr Team regelmäßig im Homeoffice arbeitet oder auf Dienstreisen ist, wirkt sich dies auf die Auslastung der physischen Arbeitsplätze aus. Denken Sie also an Desk Sharing, sodass mehrere Teammitglieder sich einen physischen Arbeitsplatz teilen können.

Ausschlaggebend für die Raumplanung sind auch rechtliche Vorgaben, wie etwa die **Arbeitsstättenverordnung**. Es empfiehlt sich, bereits früh im Planungsprozess eine Expertise einzuholen. Sie sollten, falls vorhanden, auch den Betriebsrat einbeziehen.

Planen Sie einen zentralen Besprechungsbereich für Morgenlage und Themenkonferenzen ein. Sie sollten dazu einen Bildschirm für ein Analysedashboard, Präsentationen und die Arbeit im Themenplanungstool berücksichtigen. Ideal ist ein höhenverstellbarer Konferenztisch. Damit können Sie die kürzeren Konferenzen im Stehen abhalten, damit Sie Tempo und Effizienz gewinnen.

Sofern Ihr Team in einem großen Raum arbeiten wird, empfiehlt es sich, die Arbeitsplätze in Inseln anzuordnen. Auf diese Weise schaffen Sie eine offene, kommunikative Atmosphäre. Dabei helfen:

- Wände aus Glas, die für Ruhe sorgen, den Raum aber dennoch nach innen öffnen.
- Schallschutzelemente, die ein konzentriertes Arbeiten ermöglichen.
- Pflanzen und andere dekorative Elemente, die den Raum optisch auflockern.

Der Platz des CvD-Teams sollte zentral positioniert werden, um die Übersicht zu erleichtern. Funktionsbereiche wie Drucker oder Kopierer, die emissionsbehaftet sind, sollten Sie abseits der Arbeitsbereiche platzieren. Denken Sie aber auch an Ruhebereiche. Bei aller Freude am gemeinsamen Arbeiten will Ihr Team auch konzentriert schreiben, recherchieren und konzipieren.

Vertrauliche Gespräche und Videokonferenzen sollten zu jeder Zeit möglich sein. Und vergessen Sie nicht die Kaffeeküche. Hier findet ein großer Teil der persönlichen Kommunikation statt. Die Erfahrung zeigt, dass ein direkt angeschlossener Aufenthaltsbereich mit Sitzkissen oder ähnlichen Elementen zu kreativen Gesprächen in der Kaffeepause führen kann. Und genau dieses Miteinander zwischen allen Newsroom-Mitgliedern wollen Sie ja fördern.

Ein Corporate Newsroom funktioniert in realen Räumen genauso gut wie rein digital. Beziehen Sie Ihr Team in die Gestaltung ein. Idealerweise sollten Sie alle Besprechungs- und Arbeitsplätze flexibel ausstatten. Damit ermöglichen Sie hybride Meetings und Videokonferenzen.

3.4 Warum ein Corporate Newsroom scheitern kann

Der Corporate Newsroom ist weit verbreitet. Und obwohl viele Gründe für die Einführung dieser Struktur sprechen, ist der Erfolg nicht zwingend garantiert. Wir bckommen regelmäßig Anfragen von Unternehmen, deren Newsroom gescheitert ist. Dies ist deshalb tragisch, weil die Teams nach einem großen Veränderungsprozess nun frustriert sind. Die gute Nachricht ist: In vielen Fällen lassen sich die handwerklichen Fehler reparieren.

Ein Bauteil passt nicht

Wenn ein Corporate Newsroom scheitert, dann liegt häufig ein Strukturfehler vor. Im übertragenen Sinne würden wir sagen, dass ein Bauteil nicht passt. In der Regel haben sich die betroffenen Unternehmen nicht getraut, einen ernsthaften Wandel einzuleiten. So haben sie nach wie vor Doppelbesetzungen zwischen Themen- und Medienmanagement eingeplant. Dies kann ein Team schnell überfordern, weil nicht klar ist, welche Erwartungen genau erfüllt werden müssen.

Ein fehlendes Bauteil kann auch die nicht besetzte CvD-Rolle sein, um die sich manche Unternehmen regelrecht herummogeln.

Der Grund dafür liegt auf der Hand: Sie müssten Macht abgeben an eine einflussreiche Person. Einige Führungskräfte drücken sich vor dieser Entscheidung, um das Betriebsklima nicht zu gefährden. In der Konsequenz läuft vieles dann genauso schlecht wie zuvor. Oder noch viel schlechter.

Word und Excel regieren weiter

Aber auch wenn das Unternehmen die Struktur spürbar verändert hat, kann der erhoffte Effekt ausbleiben. Insbesondere dann, wenn die Beteiligten mit alten Instrumenten arbeiten und planen.

Wer in einem äußerlich modernen Newsroom mit Word und Excel plant, muss deshalb nicht zwingend scheitern. Aber es geht eine Menge Energie verloren, weil Sie Ihr Wissen nicht mit anderen teilen.

Vor allem wenn Sie Homeoffice und Hybridarbeit ermöglichen wollen, muss jede Information für alle Beteiligten jederzeit zur Verfügung stehen. Passiert dies nicht, etwa weil Sie kein Planungstool angeschafft oder entwickelt haben, kann dies schnell zu Enttäuschung im Team führen.

Der Faktor Mensch

Ein großer Stolperstein beim Aufbau eines Corporate Newsrooms ist die Ungeduld der Verantwortlichen. Nicht selten vergessen sie den Faktor Mensch, wenn sie ihre Teams auf PowerPoint-Vorlagen einzeichnen.

Menschen lassen sich nur äußerst ungern hin und her schieben. Daher der dringende Rat: Bereiten Sie Ihre Kolleginnen und Kollegen auf ihre veränderten Rollen vor. Trainieren Sie mit ihnen. Nehmen Sie auch scheinbar banale Probleme ernst. Sätze wie „Ich möchte aber gerne mit meiner Kollegin im Büro sitzen“ können eine enorme Sprengkraft entfachen.

Hören Sie also genau zu. Lassen Sie sich und den Beteiligten genügend Zeit, damit Sie Sorgen und Missverständnisse aus der Welt schaffen können. Immerhin sollen die Teams später selbst entscheiden, Verantwortung übernehmen und kreativ sein. Dann muss es aber auch möglich sein, dass sie vielleicht sogar eine falsche Entscheidung treffen oder gar scheitern.

Der Newsroom ist ein Change-Projekt. Wenn Sie einen Corporate Newsroom einführen, sollten Sie einige Regeln beachten:

- Schenken Sie Ihrem Team genügend Aufmerksamkeit, wenn Sie sich dazu entschließen, einen Corporate Newsroom aufzubauen. Beteiligen Sie Ihre Kolleginnen und Kollegen an den Prozessen.

- Seien Sie transparent und geduldig, zeigen Sie Sinn für Ästhetik, integrieren Sie Teammitglieder und vermeiden Sie politische Kompromisse.
- Idealerweise sollten Sie alle Besprechungs- und Arbeitsplätze flexibel ausstatten. Damit ermöglichen Sie hybride Meetings und Videokonferenzen.
- Versuchen Sie, strukturelle Fehler zu vermeiden. Setzen Sie moderne Hilfsmittel ein. Vergessen Sie nicht, dass Sie mit Menschen zusammenarbeiten.

Kann ein Corporate Newsroom auch international funktionieren?

Seite 74

Wie lässt sich der Erfolg im Newsroom bewerten?

Seite 76

Welche Messgrößen sind sinnvoll?

Seite 78

4. Der Newsroom der Zukunft

Der Corporate Newsroom wird sich in den kommenden Jahren weiterentwickeln. International, datengetrieben und flexibel werden die Teams arbeiten. Die Anbindung an das Homeoffice wird eine Selbstverständlichkeit sein. Dies setzt ein gutes Planungstool voraus, damit alle Informationen dezentral abrufbar sind. Leadgenerierung und Marketing-Automation werden an Bedeutung gewinnen. Der Newsroom wird lernen, Abläufe zu automatisieren – zum Beispiel wenn die Systeme automatisierte Kampagnenvorschläge machen.

Marketing und Kommunikation werden sich mit den Jahren verändern. Aber eins wird bleiben: Der Corporate Newsroom wird immer vom Thema aus denken.

4.1 International: Ein Unternehmen, eine Stimme

Wenn Unternehmen und Organisationen international unterwegs sind, müssen sich auch Kommunikation und Marketing international organisieren. Dies wird zunehmend im Corporate Newsroom stattfinden, wenn auch mit unterschiedlicher Geschwindigkeit. Eine ganze Reihe von Unternehmen haben gezeigt, dass dies schon jetzt funktioniert. Wichtig ist dabei der Faktor Zeit. Internationale Teams müssen sich an die neue Art der Zusammenarbeit gewöhnen.

Folgen Sie der Sonne

Es ist klug, Themenrunden, Konferenzen und Meetings nicht nur nach mitteleuropäischer Uhrzeit stattfinden zu lassen. Fachleute arbeiten auf der ganzen Welt. Themen finden überall statt, nicht nur vor der eigenen Haustür. Wer Wissen teilen will, sollte Zeitzonen und Ländergrenzen überwinden. Vor allem über digitale Konferenzsysteme lassen sich physische Entfernungen ausgleichen. Wenn Sie es schaffen, Fachleute aus verschiedenen Ländern einzubinden, äußern Sie Wertschätzung für kulturelle Besonderheiten und lokale Zielgruppen. Ganz nebenbei können Sie sich sogar die Zeitverschiebung zunutze machen, indem Sie bildlich gesprochen der Sonne folgen. Auf diese Weise ermöglichen Sie einen 24-Stunden-Betrieb. Ein Unternehmen, eine Stimme: Der Corporate Newsroom schafft die Voraussetzung dafür, dass eine Organisation einheitlich kommuniziert – und die Tonalität an die Zielgruppe angepasst ist.

Wie Sie einen internationalen Newsroom einführen

Der Aufbau eines nationalen Newsrooms ist ambitioniert. Wenn Sie über Staaten und Kontinente hinweg planen, müssen Sie noch einige Punkte zusätzlich berücksichtigen. Mentalität, Kultur, Gewohnheiten und nicht zuletzt der Faktor Sprache sind erhebliche Hürden, die Sie beim Aufbau eines internationalen Corporate Newsrooms berücksichtigen müssen.

Lassen Sie Teams rund um den Globus an allen drei Phasen der Newsroom-Entwicklung teilhaben:

- Vorbereitungsphase
- Designphase
- Implementierungsphase

Sie werden viel Zustimmung, aber auch Widerstand spüren. Eine Lösung, die wir in mehreren Unternehmen umgesetzt haben, ist die sogenannte Wildcard. Nach dieser Logik ist mit dem Corporate Newsroom eine Einladung, aber keine Verpflichtung verbunden. Über eine Wildcard können sich die internationalen Einheiten in das Planungstool und damit in den Newsroom einbringen. Daraus wird im besten Falle eine internationale Kampagne entstehen, die früher oder später große Beachtung innerhalb des Unternehmens finden wird. Wenn dieses Vorgehen erfolgreich war, werden auch andere internationale Einheiten ihre Wildcard nutzen, weil sie nun bestimmte Hemmschwellen überwunden haben. Mit ein bisschen Geduld wird der Corporate Newsroom auch über Kontinente hinweg an Akzeptanz gewinnen.

Ein Corporate Newsroom funktioniert auch international. Vor allem über digitale Konferenzsysteme lassen sich physische Entfernungen ausgleichen. Achten Sie in der Zusammenarbeit auf die unterschiedlichen Zeitzonen.

4.2 Data Driven Newsroom

Marketing und Kommunikation spielen eine wichtige Rolle als Mehrwertlieferant im Unternehmen. Dies setzt voraus, dass dieser Mehrwert auch im Verhältnis zu den Zielen erkennbar ist. **Bei aller Freude an der Digitalisierung verursacht die Arbeit in einem Corporate Newsroom auch regelmäßige Kosten**, wie etwa

- Zeit,
- Personal,
- Opportunitätskosten,
- externe Dienstleistungen oder
- die Produktion von Kommunikationsmaßnahmen.

Diese Kosten belasten das Budget und müssen immer wieder gerechtfertigt werden. Das bedeutet, dass der Corporate Newsroom seinen Mehrwert quantifizieren und beweisen muss.

Qualität statt Quantität

Performance Marketing wird die Corporate-Newsroom-Idee weiter vorantreiben. Effizienz, Output und Wertschöpfung zu messen, wird im digitalen Zeitalter zunehmend leichter. Mit Web Analytics, Social Media Monitoring, Suchmaschinen und CRM-Systemen entstehen ständig neue Datenquellen, die schier unerschöpflich zu sein scheinen. Tatsächlich sind Kenngrößen aber nur unter einer Bedingung sinnvoll: Sie müssen auf thematische Ziele einzahlen. Deshalb kann ein Post mit 50 Views sehr erfolgreich sein, wenn Sie bei den entscheidenden Personen eine bestimmte Botschaft platziert haben. Ein Katzenfoto mit 5 000 Likes ist im Vergleich dazu vielleicht wertlos, wenn diese Sympathiebekundungen nicht zum Kauf oder zur Lead-Generierung führen. Der Corporate Newsroom benötigt also **intelligente Key Performance Indicators (KPI)** – Messgrößen, die sich aus Zielen und Themen ableiten.

Die passenden KPIs zu entwickeln, ist anspruchsvoll. Im Corporate Newsroom sollten Sie mit Messgrößen arbeiten, die Orientierung schaffen. Stellen Sie sich am besten die folgende Frage:

Worin genau besteht der Erfolg unserer Arbeit?

Für die Arbeit im Corporate Newsroom sollten Sie neben zahlenorientierten Werten vor allem auf Qualität achten. Nachfolgend finden Sie einige typische Beispiele für qualitative Ziele in der Kommunikation:

- Die Mitarbeitenden kennen unsere Werte und handeln danach.
- Wir werden von der wichtigsten Person eines bestimmten Bereiches kontaktiert, wenn es um eine Stellungnahme geht.

- In einer Krisensituation sorgt unsere gute Reputation dafür, dass Medien und andere Bezugsgruppen uns zuhören, bevor sie über uns urteilen.

Die richtigen Messgrößen sollten Ihnen helfen bei der zielgerichteten

- Bewertung,
- Kontrolle und
- Optimierung

der Prozesse im Corporate Newsroom.

Von Big Data zu Smart Data

Der Corporate Newsroom denkt vom Thema her, nicht vom Kanal. Sie wollen also wissen, wie gut die Performance Ihrer Themen bei den Zielgruppen ist. Nur die Leistung der Kanäle zu messen, reicht daher nicht mehr. Denken Sie von Big Data zu Smart Data: Ihr Ziel sollte es sein, Rückschlüsse vom Kanal auf das entsprechende Thema zu ermöglichen.

Die klassische Erfolgsmessung erlaubt allerdings noch kein Urteil über die Bedeutung eines Themas im Corporate Newsroom. Weder die bisher genannten quantitativen noch die qualitativen Ziele liefern verwertbare Ergebnisse. Aus diesem Grund müssen Sie den Erfolg auf den Kanälen in einen Zusammenhang setzen zu den Themen, die Ihnen wichtig sind.

Beim Zuschnitt der Themendesks im Corporate Newsroom haben wir ja bereits darauf geachtet, dass alle potenziellen Themen auf ein übergeordnetes Kommunikationsziel einzahlen. Nun müssen Sie die konkreten Ziele für Ihre Themen festlegen, damit Sie diese später messen können. Stellen Sie sich also am besten diese Frage:

Welche Wirkung sollen das Ziel und das Thema haben?
Sie sollten also wissen:

- Welches Ziel korrespondiert mit welchem Thema?
- Welches Wirkungsziel steht hinter dem Thema (beispielsweise Reputation oder Engagement)?

Dazu müssen Sie für die einzelnen Themen operationalisierbare Ziele definieren, die dabei helfen, das übergeordnete Ziel zu erreichen. Nachfolgend finden Sie eine Übersicht über KPIs, die Sie messen können:

- Anzahl der Conversions: summiert die täglich, wöchentlich und monatlich ausgewerteten Conversions
- Conversion Rate: Anteil an Conversions im Verhältnis zu den Besuchern einer Website (Conversion/Besucher)
- Micro Conversion Rate: Conversion Rate für eine bestimmte Stufe
- Click-Through-Rate: Anzahl Clicks/Anzahl Impressions
- Bounce Rate: Besuche, die nicht zu weiteren Clicks führen
- Return on Investment (ROI): Gewinn/eingesetztes Kapital
- Traffic: Anzahl der Besuche auf einer Website innerhalb eines bestimmten Zeitraumes
- Reichweite: Zahl der Personen, die durch ein bestimmtes Medium erreicht werden

- Sentiment: Stimmung der Zielgruppe, beispielsweise Anzahl an positiven, negativen oder neutralen Posts in einem bestimmten Zeitrahmen
- Engagement Rate: Verhältnis zwischen Interaktionen und Seitenaufrufen
- Page Impressions: Anzahl der Abrufe einer Website
- Average Length of Stay: durchschnittliche Verweildauer auf einer Webseite
- Influence adjusted Sales in the Impact Period: einflussbereinigte Mehrverkäufe während der Wirkungszeit
- Weight Value: abgeleitete Gewichtung eines Indicators gemessen an der Verteilung der Besucher über den analysierbaren Zeitraum
- Pages per Session: Anzahl der geklickten Seiten pro Webseitenbesuch

Die KPIs, die Sie nutzen, sind eng mit den Kommunikationszielen in Ihrem Unternehmen verbunden. Das Ziel gibt also die Richtung vor, in die Ihr Team läuft. Die KPIs prüfen, ob Sie dieses Ziel auch erreicht haben. Sie können sich an diesem Prozess orientieren:

1. Kommunikationsziel definieren
2. Thema planen
3. Medien und Kanäle auswählen
4. Inhalte produzieren
5. Themen ausspielen
6. Erfolg anhand von KPI messen
7. zurück zu Schritt 1

Der Corporate Newsroom ist ein moderner Denkansatz, der kommunikative Disziplinen in Ihrem Unternehmen zusammenführt. Dazu benötigen Sie die **Unterstützung Ihres Teams und des Managements**. Nur wenn Sie den Erfolg Ihrer Themen regelmäßig nachweisen können, wird auch Ihr Corporate Newsroom auf Dauer erfolgreich sein.

Dem Corporate Newsroom gehört die Zukunft. Teams aus Marketing und Kommunikation werden künftig international zusammenarbeiten. Dabei werden Daten eine zunehmend wichtige Rolle spielen:

- Ein Corporate Newsroom funktioniert auch über Ländergrenzen hinweg. Vor allem über digitale Konferenzsysteme lassen sich physische Entfernungen ausgleichen.
- Nur die Leistung der Kanäle zu messen, reicht nicht mehr. Denken Sie von Big Data zu Smart Data: Ihr Ziel sollte es sein, Rückschlüsse vom Kanal auf das entsprechende Thema zu ermöglichen.

Sieben Erfolgsregeln für einen Corporate Newsroom

1. Nehmen Sie sich Zeit

Wenn Sie sich für einen Corporate Newsroom entscheiden, werden Sie regelmäßige Veränderung erleben. Denn auch in Zukunft können sich Themen ändern, neue Kanäle und Plattformen hinzukommen und andere nicht mehr relevant sein. Dieser Wandel verläuft immer schneller. Umso wichtiger ist es, dass Sie sich für die fundamentalen Änderungen in Ihrer Abteilung genügend Zeit nehmen. Seien Sie also nicht zu hastig und hören Sie zu. Es empfiehlt sich, den Aufbau eines Corporate Newsrooms in drei Phasen zu unterteilen:

- Vorbereitungsphase
- Designphase
- Implementierungsphase

Beginnen Sie zunächst mit einer sauberen Analyse des Status quo in der Vorbereitungsphase. Stellen Sie sich selbst die Frage, welchen Nutzen Sie sich von einer Newsroom-Einführung versprechen.

In der Designphase arbeiten Sie am Zielbild. Spätestens jetzt müssen Sie die Mitarbeitenden in den Prozess einbeziehen. Nur so können Sie Skepsis und Sorgen frühzeitig entgegentreten.

Wenn Sie die Implementierungsphase erreicht haben, ist Ihr Corporate Newsroom ausgereift. Sie sollten nun alle

Abstimmungen mit Geschäftsführung, Personalabteilung und Betriebsrat vollzogen haben.

Nehmen Sie sich ausreichend Zeit und hinterfragen Sie sich und die Prozesse im Newsroom. Dann wird Ihr Corporate Newsroom ein Erfolg.

2. Seien Sie transparent

Der Newsroom ist ein Change-Projekt, mit dem Sie die Kultur in Ihrer Abteilung spürbar ändern. Ihre Kolleginnen und Kollegen werden schnell hellhörig. Sie wollen wissen, welche Aufgabe sie künftig erledigen, wo ihr Schreibtisch steht und wer ihre Vorgesetzten sind. Ihr Team muss darauf vertrauen können, dass Sie als Führungskraft nicht einfach vollendete Tatsachen schaffen. Niemand möchte wie eine Schachfigur hin und her geschoben werden.

Nur wenn Mitarbeitende selbst intensiv an der neuen Struktur mitarbeiten dürfen, lässt sich dieser Konflikt lösen. Dazu müssen Sie die **Spielregeln eindeutig definieren**. Wenn Ihre Abteilung alte Silos auflösen will, dürfen nicht neue Silos das Ergebnis der Newsroom-Einführung sein.

> Transparenz lässt sich nur leben, wenn eine Führungskraft mit einem nachvollziehbaren Plan in den Prozess geht – und diesen Plan auch lebt.

Geben Sie sich und Ihrem Team also genügend Raum für Sorgen und Bedenken. Und denken Sie dabei an eine emphatische Moderation.

3. Trennen Sie Themen und Kanäle

Nur mit professionellem Themenmanagement ist Content Marketing möglich. Kampagnen sind nicht deshalb gut, weil sie teuer sind, sondern weil die Zielgruppe sie wahrnimmt und versteht.

Effiziente Kommunikation heißt also, die richtigen Themen zur richtigen Zeit an die richtigen Zielgruppen zu kommunizieren. Deshalb sieht der Aufbau eines Newsrooms die eindeutige Trennung von Themen und Medien vor.

Dies müssen Sie auch bei der Stellenbesetzung berücksichtigen. Denken Sie also bitte daran, dass Sie möglichst auf Doppelbesetzungen zwischen Themen- und Medienmanagement verzichten. Der Grund dafür liegt auf der Hand: Sie können ein Team schnell überfordern, wenn nicht klar ist, welche Erwartungen Ihre Kolleginnen und Kollegen überhaupt erfüllen sollen. Wenn Sie dies konsequent umsetzen, kann sich die tägliche Arbeit im Corporate Newsroom an Themen ausrichten.

4. Installieren Sie ein CvD-Team

Der Aufbau eines Corporate Newsrooms sieht eine Koordinationsstelle vor, die den Ausgleich zwischen Themen und Medien herstellt. Diese Aufgabe übernimmt das CvD-Team. Es ist der entscheidende Erfolgsfaktor – vor allem dann, wenn Sie auch Marketingaufgaben in den Newsroom integrieren wollen. Das muss deshalb betont werden, weil sich manche Unternehmen regelrecht um diese Aufgabe herummogeln.

Der Grund dafür liegt auf der Hand: Sie müssten Macht abgeben an eine einflussreiche Person. Einige Führungskräfte drücken sich vor dieser Entscheidung, um das Betriebsklima nicht zu gefährden. Dies hat sich in der Praxis stets als nachteilig erwiesen. Machen Sie diesen Fehler nicht. Installieren Sie von Anfang an ein CvD-Team.

5. Suchen Sie technische Unterstützung

Zuerst das Thema, dann der Kanal: Nach dieser Logik arbeitet der Corporate Newsroom. Ein modernes Tool zur Themenplanung stellt Transparenz sicher. Alle Mitarbeitenden sollten wissen, welche Themen die Abteilung gerade plant. Daher unterstützt ein gutes Tool die Prinzipien im Corporate Newsroom:

- Wissen teilen,
- Zusammenarbeit fördern,
- Transparenz schaffen und
- Hürden im Prozess aufdecken.

Ein solches Instrument muss einfach handhabbar und optisch ansprechend sein. Machen Sie sich also rechtzeitig Gedanken dazu und beziehen Sie auch hier Ihr Team in den Auswahlprozess ein. **Gründen Sie eine Arbeitsgruppe**. Diese legt Testaccounts an und erstellt Kriterien zur Auswahl des Tools. Am Ende stellt diese Gruppe eine Shortlist mit geeigneten Angeboten auf und präsentiert diese der gesamten Abteilung.

6. Etablieren Sie ein Konferenzsystem

Helfen Sie Ihrem Team, den Arbeitstag zu strukturieren. Etablieren Sie ein festes System von Konferenzen. So erreichen Sie, dass Wissen im Corporate Newsroom geteilt wird. In der Konferenz spricht das Team über Themen und Inhalte, Relevanz und Aktualität, Produktionsfortschritte und Termine. Hier werden auch die Verantwortlichkeiten für den Tag festgelegt und Kernprozesse diskutiert. Auf diese Weise ermöglichen Sie einen inhaltlichen Austausch unter Ihren Kolleginnen und Kollegen. All dies immer unter der Maßgabe, themenorientiert zu denken. Für die Teilnahme sollten Sie mit Ihrem Team bestimmte Verhaltensregeln vereinbaren.

7. Bleiben Sie flexibel

Sie planen einen funktionalen, ästhetischen Raum, der positiv auf Ihr Team ausstrahlt. Gleichzeitig wollen Sie so flexibel wie möglich bleiben, sodass Sie Homeoffice und hybrides Arbeiten ermöglichen. Die räumlichen Veränderungen sind also kein Selbstzweck.

Ein Corporate Newsroom funktioniert in realen Räumen genauso gut wie rein digital. Idealerweise sollten Sie alle Besprechungs- und Arbeitsplätze flexibel ausstatten. Mit diesen Maßnahmen ermöglichen Sie hybride Meetings und Videokonferenzen.

Wenn Mitarbeitende Ihres Teams regelmäßig im Homeoffice arbeiten oder auf Dienstreisen sind, wirkt sich dies auf die Auslastung der physischen Arbeitsplätze aus. Denken Sie also daran, dass sich mehrere Teammitglieder einen Arbeitsplatz teilen können. Auf diese Weise bleiben Sie auch in Zukunft flexibel und können Ihren Corporate Newsroom jederzeit anpassen.

Fast Reader

1. Der Newsroom beginnt im Kopf

Der digitale Wandel ist überall spürbar. Menschen verbringen zunehmend Zeit mit Medienkonsum. Unternehmen stoßen bei Marketing und Kommunikation an Kapazitätsgrenzen. Um darauf zu reagieren, benötigen Sie die perfekte Organisation.

Das Prinzip, das hinter dem Orchestrieren von Marketing und Kommunikation steckt, heißt Corporate Newsroom. Bei dieser Organisationsform werden Kampagnen vom Thema aus gedacht. Damit überwinden Sie alte Silos und bauen neue Brücken zu Ihren Zielgruppen.

Ihr Unternehmen muss den digitalen Medienwandel bewältigen. Diese Veränderung ist dramatisch:

- Wenn Sie Ihr Unternehmen digitalisieren wollen, brauchen Sie einen organisatorischen Rahmen.
- Das Prinzip zum Orchestrieren von Marketing und Kommunikation heißt Corporate Newsroom.
- Es hilft, teure Ineffizienzen zu vermeiden.

2. Das Corporate-Newsroom-Modell

Der Aufbau eines Corporate Newsrooms klar zu trennen. Der Corporate Newsroom wird mit vier Positionen besetzt: Das

Strategieteam strukturiert die Kommunikationsarbeit zu strukturieren, das CvD-Team übernimmt die operative Kommunikationsarbeit, das Themenmanagement stellt die Verbindung zu den Fachabteilungen her und das Medienmanagement betreut die unterschiedlichen Plattformen und Kanäle.

Zuerst das Thema, dann der Kanal: Nach dieser Logik arbeitet der Corporate Newsroom. Ein modernes Tool zur Themenplanung stellt sicher, dass alle Mitarbeitenden wissen, welche Themen die Abteilung gerade plant.

Es gibt unterschiedliche Arten von Konferenzen. Sie strukturieren den Arbeitstag im Corporate Newsroom und helfen, Informationen zu teilen. Das Team hält sich dabei an bestimmte Verhaltensregeln.

Themen und Medien sind im Corporate Newsroom:

- Der Corporate Newsroom wird mit vier Positionen besetzt: Das Strategieteam ist dafür verantwortlich, die Kommunikationsarbeit, das CvD-Team übernimmt die operative Kommunikationsarbeit, das Themenmanagement stellt die Verbindung zu den Fachabteilungen her und das Medienmanagement betreut die unterschiedlichen Plattformen und Kanäle.
- Ein modernes Planungstool informiert das gesamte Team über die geplanten Themen. Das Planungstool stellt sicher, dass alle wissen, welche Themen die Abteilung gerade plant und bearbeitet.
- Zur Strukturierung des Arbeitstages dient ein System von Konferenzen. Auf diese Weise wird das Wissen im Newsroom

geteilt. Für die Teilnahme an den Konferenzen gelten bestimmte Verhaltensregeln.
- Der Standardprozess im Newsroom beschreibt den Weg eines Themas in ein bestimmtes Medium. Dazu gehören acht Schritte vom Themeneingang bis zur Analyse.

3. Wie Sie einen Corporate Newsroom einführen

Schenken Sie Ihrem Team genügend Aufmerksamkeit, wenn Sie sich dazu entschließen, einen Corporate Newsroom aufzubauen. Nehmen Sie sich ausreichend Zeit für die Analyse und den Aufbau der neuen Strukturen. Beteiligen Sie Ihre Kolleginnen und Kollegen.

Der Change-Prozess kann unter Umständen das gesamte Projekt zum Scheitern bringen. Lassen Sie daher Vorsicht walten. Seien Sie transparent und geduldig, zeigen Sie Sinn für Ästhetik, integrieren Sie Teammitglieder und vermeiden Sie politische Kompromisse.

Ein Corporate Newsroom funktioniert in realen Räumen genauso gut wie rein digital. Beziehen Sie Ihr Team in die Gestaltung ein.

Idealerweise sollten Sie alle Besprechungs- und Arbeitsplätze flexibel ausstatten. Damit ermöglichen Sie hybride Meetings und Videokonferenzen.

Der Newsroom ist ein Change-Projekt. Wenn Sie einen Corporate Newsroom einführen, sollten Sie einige Regeln beachten:

- Schenken Sie Ihrem Team genügend Aufmerksamkeit, wenn Sie einen Corporate Newsroom aufbauen wollen. Beteiligen Sie Ihre Kolleginnen und Kollegen.
- Seien Sie transparent und geduldig, zeigen Sie Sinn für Ästhetik, integrieren Sie Teammitglieder und vermeiden Sie politische Kompromisse.
- Idealerweise sollten Sie alle Besprechungs- und Arbeitsplätze flexibel ausstatten. Damit ermöglichen Sie hybride Meetings und Videokonferenzen.
- Versuchen Sie, strukturelle Fehler zu vermeiden. Setzen Sie moderne Hilfsmittel ein. Vergessen Sie nicht, dass Sie mit Menschen zusammenarbeiten.

4. Der Newsroom der Zukunft

Ein Corporate Newsroom funktioniert auch international. Digitale Konferenzsysteme ermöglichen die Zusammenarbeit über große physische Entfernungen hinweg. Achten Sie in der Zusammenarbeit auf die unterschiedlichen Zeitzonen.

Dem Corporate Newsroom gehört die Zukunft. Teams aus Marketing und Kommunikation werden künftig international zusammenarbeiten. Dabei werden Daten eine zunehmend wichtige Rolle spielen:

- Ein Corporate Newsroom funktioniert auch über Ländergrenzen hinweg. Vor allem über digitale Konferenzsysteme lassen sich physische Entfernungen ausgleichen.
- Nur die Leistung der Kanäle zu messen, reicht nicht mehr. Denken Sie von Big Data zu Smart Data: Ihr Ziel sollte es sein, Rückschlüsse vom Kanal auf das entsprechende Thema zu ermöglichen.

Der Autor

Christoph Moss unterrichtet Kommunikation und Marketing an der International School of Management. Er hat das Corporate-Newsroom-Modell entwickelt und mehr als hundert Mal umgesetzt – etwa bei Siemens, Fraport oder Swiss Life. Er war Deskchef im Handelsblatt-Newsroom und leitete die Georg von Holtzbrinck-Schule für Wirtschaftsjournalisten. Christoph Moss ist geschäftsführender Gesellschafter der Agentur Mediamoss (Dortmund, Stuttgart) und Co-Gründer von AustriaContent in Wien.

Kontakt:
Mediamoss GmbH
Die Newsroom-Agentur
Hörder Burgstraße 18
44263 Dortmund
Telefon: +49 231 286 788 56
E-Mail: newsroom@mediamoss.com
www.mediamoss.me

Weiterführende Literatur

Akademische Gesellschaft (2019). It's all about content. Strategic topic management in agile organizations. Communication Insights, 6, 2–39. Verfügbar unter: https://www.akademische-gesellschaft.com/fileadmin/webcontent/Publikationen/Communication_Insights/CommInsights_Issue6_It_s_all_about_content.pdf

Eck, K., Eichmeier, D. (2014). Die Content-Revolution im Unternehmen. Haufe Lexware, Freiburg.

Kleine Wieskamp, P. (2016). Storytelling: Digital – Multimedial – Social. Formen und Praxis für PR, Marketing, TV, Game und Social Media. Hanser, München.

Moss, C. (2016). Der Newsroom in der Unternehmenskommunikation: Wie sich Themen effizient steuern lassen. Springer VS, Wiesbaden.

Moss, C. (2019). Newsroom-Studie: Unternehmen wollen Silos überwinden. Verfügbar unter: https://mediamossblog.com/2019/10/28/newsroom-studie/

Moss, C. (2021). The Corporate Newsroom: Steering Companies Efficiently Through Communication. Management for Professionals. Springer, Cham.

Pulizzi, J. (2012). The Rise of Storytelling as the New Marketing. Publishing Research Quaterly, Springer. Verfügbar unter: https://link.springer.com/article/10.1007/s12109-012-9264-5

Pulizzi, J. (2013). Epic Content Marketing: How to Tell a Different Story, Break Through the Clutter, and Win More Customers by Marketing Less. McGraw-Hill Education, New York City.

Ruisinger, D. (2020). Die digitale Kommunikationsstrategie: Praxis-Leitfaden für Unternehmen, Institutionen und Agenturen (2. Auflage). Schäffer-Poeschel, Stuttgart.

Schindler, M. (2021). Die 4 Handlungsfelder des Newsrooms und alles, was Sie dazu wissen müssen. Verfügbar unter: https://www.mcschindler.com/die-4-handlungsfelder-des-newsrooms-und-alles-was-sie-dazu-wissen-muessen/

Register